哈洛新知
Hello Knowledge

知识就是力量

预见

NEXT NATURE
科技如何重塑我们的未来

下一代自然

[荷]薛尔特·范曼斯佛特　著

宗哲　译

华中科技大学出版社
http://www.hustp.com
中国·武汉

湖北省版权局著作权合同登记　图字：17-2021-112 号

图书在版编目（CIP）数据

预见下一代自然：科技如何重塑我们的未来 /（荷）薛尔特·范曼斯佛特著；宗哲译 . —武汉：华中科技大学出版社，2021.7
ISBN 978-7-5680-7163-5

I. ①预 … II. ①薛 … ②宗 … III. ①科学技术－普及读物 IV. ① N49

中国版本图书馆 CIP 数据核字（2021）第 115908 号

预见下一代自然：科技如何重塑我们的未来　　[荷]薛尔特·范曼斯佛特　著
Yujian Xiayidai Ziran: Keji Ruhe Chongsu Women de Weilai　　　宗哲 译

策划编辑：杨玉斌　曾　菡
责任编辑：杨玉斌　左艳葵　　　　　　　　装帧设计：陈　露
责任校对：张会军　　　　　　　　　　　　责任监印：朱　玢

出版发行：华中科技大学出版社（中国·武汉）　　电话：（027）81321913
　　　　　武汉市东湖新技术开发区华工科技园　　邮编：430223

录　　排：华中科技大学惠友文印中心
印　　刷：湖北金港彩印有限公司
开　　本：880 mm × 1230 mm　1/32
印　　张：6.75
字　　数：160 千字
版　　次：2021 年 7 月第 1 版第 1 次印刷
定　　价：48.00 元

进化永不止步

前言　年轻的人类

　　和存在已久的地球相比，我们不过初来乍到、尚且年轻。地球诞生于45 亿年前，在很长一段时间里，它都是浩瀚太空中的孤独星体。第一个单细胞生物的出现花费了 10 亿年，其后又花费了 30 亿年的时间才形成多细胞生物，进化出生物圈。之后才有植物、动物——又经过一个 10 亿年之后——出现了人类。

　　我们初来此地，可我们的造访并非悄无声息。其他动物不会像我们一样大刀阔斧地改变生存环境。这一切发生在 30 万年之前。人类开始用动物皮毛保暖，学会了控制火种，发明了矛和鞋。可惜那个时代没有诺贝尔奖，想出这些好点子的先人们拿不到奖章。远古人类的智慧结晶不仅帮助人类渡过了原始栖息地的难关，而且也渐渐地让我们能够随心改造自然，使居住环境任由我们自己掌控。

人类并非一直有如此大的影响力。很长一段时间里，人类都是被边缘化的渺小物种，处于食物链的中层，对自然的改造能力和大猩猩、蝴蝶或者水母相差无几。我们的能力仅限于采集和跟踪，食物主要包括植物、昆虫和其他小动物，还有更强壮捕食者的残羹冷炙。人类靠着这些活了下来，并长期活在对其他强壮捕食者的恐惧之中。

也许你知道，非洲不同的黑猩猩群之间基因的差别要大于居住在不同大洲的人类之间的差别。研究人员猜想的原因是：7 万年前，人类近乎灭绝，只有一小群人存活了下来。因此，现在每个活着的人都是那一小群幸存者的后代。人类在夹缝中艰难求生，我们的存在差一点就被悉数抹去。尽管我们无法得知这种人口缩减的状况持续了多久，也不知道它是由火山爆发、流行病还是其他什么原因造成的。但我们相信，人口数量减少到谷值时，地球上只有数千人类。如果那些人没有活下来，今天的地球会是什么样子呢？地球会更好，还是更糟？我们不知道那种情形下的进化之路。我们还存活在地球上，这已经是奇迹了。

和其他很多动物相比，人类在生理上极其脆弱。还有什么动物会这样出生呢？赤裸着、啼哭着、几乎孤立无援——对任何捕食者来说都是一盘小菜。小羊羔在出生后几小时就能够行走，人类婴儿需要一年左右的时间才能靠自己的双脚站立。其他许多动物都拥有特定的感官、器官和反射能力，让它们在特定环境下如鱼得水，可人类生下来就没有适应特定环境的生理结构。这种显而易见的缺陷却转化成了一种长处，让人类这个物种一路凯歌，征途从热带稀树草原一路延伸到北极，到海底，甚至到月球，这是多么了不起的成就。

有些人甚至觉得人类应该走出地球，在宇宙的其他星球繁衍生息。这个观点本身有值得认可的地方，在巨大的陨石撞击地球的时候，移民星际能避免人类彻底灭亡。亡族灭种未免太遗憾了。可是实话实说，我觉得逃往其他星球还为时过早。我认为我们应该先解决地球现有的问题。我们应该面对现实，人类的存在给地球造成了许多伤害：气候剧变、森林消失、海洋塑料垃圾增多、核能辐射、生物多样性不断减少等。这些是很压抑的事实。有时候，我们的存在对地球来说显得弊大于利。

许多人持有这样的观点，觉得人类给地球带来的只有伤害。他们甚至认为，如果人类从未出现，地球会变得更美好。私心讲，我不认同这种仇恨人类的情结——它也被称为厌世主义——毕竟，这终究是一种自我憎恨。

我们对自己种族的这种不信任从何而来呢？在寻找合理解释的过程中，我发现，愤世嫉俗的情结常常伴随着一种完全错误的观点，即人类是反自然的物种，而不是浪漫、和谐、美好的大自然的一部分。人类出现的地方，自然的痕迹就消失殆尽了。在我看来，这是一种幼稚的偏见，它不会帮助我们进步，我们应该尽快摆脱这种观点。

回顾地球的历史，我们会发现，新近进化的物种动摇其时代自然环境的情形并不是第一次出现。首个单细胞生物大约出现在 35 亿年前。在那之后，第一个多细胞植物花了大约 20 亿年才进化出来。又过了 10 亿年，在寒武纪大爆发时期，地球上出现了一种全新的生命形式——动物。

第一批动物出现在 5 亿年前。我们不知道那时已经存在了 10 亿年的原始植物对此有何感想。我们知道的是，植物喜欢和平与宁静，它们不喜欢动来动去，会通过光合作用从土壤中汲取营养。因为植物并不会说话，我们不知道它们真正的想法，不过我可以想象，它们不得不忍受着周围喧闹的动物，吵吵闹闹的环境让植物极不舒服。也许，植物甚至会认为动物是不"道德"的，这不仅仅是因为动物全然没有深入土壤的根系并且维持着快得难以想象的生活节奏，更是因为动物做了一件在那个时代完全陌生、闻所未闻、令人憎恶的事情——它们食用植物。

考虑到这些因素，动物的出现对植物来说不会有多少乐趣。然而，进化从未停止，虽然只存在植物的地球不乏奇妙，但它并不比一个也同时存在动物的地球特别。（我就不为你们描述关于 10 亿年前植物出现的故事了，那时植物的光合作用极大地增加了大气中氧气的百分比，破坏了当时的生态系统。）

回到人类扮演的角色上，正如动物的出现撼动了植物世界的根基一样，我们的到来也带来了特有的麻烦。记住，我们不过初来乍到，还是很年轻的物种。动物存在的时间长度大约是人类的 2500 倍，简单植物存在的时间长度大约是人类的 7500 倍。不过我说这些并不是为了劝说人类保持谦虚，因为我认为人类是一个十分惊艳的物种，我们有自己的骄傲之处。

虽然人类从本质上来说并没有脱离动物的范畴，但我们身上有一些独特的东西，这些东西与我们的身体构造没有太大关系，本身也并不能给世界留下多么深刻的印象，其独特之处更多体现在我们与生俱来的使用技术的倾向上。虽然其他动物通过筑巢改变周围环境，比如海狸筑坝和白蚁造丘，但没有一种动物像人类这样做得如此彻底。我在这里使用"技术"这个词，是最广泛的意义上的概念，即人类的创造力影响世界的所有方式——工具、计算机、汽车，还有服装、道路、城市、字母表、数字网络，甚至跨国公司和金融体系等。

自诞生之日起，人类就一直在建造技术系统，以便将自己从冰冷无情的自然力量中解放出来。最初，我们在头顶上建造屋顶来遮风挡雨，以此起步，发展至今，我们已经有了治疗致命疾病的现代药物。创造和使用技术藏在人类的天性中。我们往往低估了科技与我们生活密切相关的程度，以及科技为改善生活所做的贡献。看看人类的平均寿命。在人类这个物种刚刚诞生的时候，平均寿命只有 30 多岁。这有一部分缘于极高的儿童死亡率，如果你出生在那个时候，还活到了生育年龄，你应该觉得自己极其幸运。按照大自然的标准，普遍的夭折是完全正常的。春江水暖，鸭爸爸和鸭妈妈带着 10 多只小鸭子在水面畅游，如果到夏末只剩下 2 只小鸭子——或者它们运气足够好，也许还能剩 3 只——你不应该对此感到惊讶。

感谢科技的存在，我们已经能够应对生活给我们带来的一些坎坷。这可真是谢天谢地。如果没有科技，我不可能写出这本书——不是因为缺少笔、纸或者文字，而是因为我不可能活着分享我的想法。在我大约

35 岁的时候——提醒你一下，那时我的年纪已经超过了史前人类的平均寿命——我的手臂被刮伤了，伤口看似不严重，最后还是感染了。我的胳膊开始肿胀，情况不断恶化，没过多久就肿成了正常时候的 2 倍大。我意识到我的免疫系统在与细菌感染的斗争中战败了。是时候去街角的药店买一些抗生素了。

我把抗生素视作理所当然。每天按照指示吞下一粒抗生素药丸，感染就会消失。我不需要知道它们到底是如何工作的。我们的卫生保健系统运作得十分良好，它不仅确保我能获得这些药物，同时还确保使用抗生素的理由足够充分，人们不会太轻易买到抗生素，这样一来，细菌就不会产生抗药性。史前采集狩猎的人们就享受不到这项科技成果带来的好处。在他们的时代，巫师可能会试着用草药和咒语来进行治疗。但是这样做能阻止感染在我的身体里猖獗蔓延吗？我觉得自己很幸运，我能够得到这些抗生素。当我服用它们，看着我手臂的肿胀一天天缩小时，我意识到，如果没有这个处方药，我可能永远也活不到 36 岁。

科技是人类的一部分。正如蜜蜂和花朵进化为相互依存的关系——当蜜蜂采集花蜜时，它们通过传播花粉来帮助花朵繁殖——人类依赖科技，反之亦然。科技需要我们来传播。人类做到了这一点，我们在不停地传播科技。如今，科技在我们的星球上无处不在，以至于它迎来了一个新的环境，一个新的背景，它正在改变地球上所有的生命。在现有的生物圈之上，科技圈已经发展起来了。如同生物圈，它也在寻求发展，渴望生存。正像生物圈建立在更为古老的底层岩石圈之上并与之相互作用一样，科技圈也建立在底层生物圈之上并与之相互作用。它对地球上的生命的影响很难被估量：它可以与 5 亿年前脊椎动物的出现相媲美，甚至可能有更大的影响。人类的存在正在催生下一个自然界,这个自然界可能会变得和旧的自然界一样狂野而不可预测。

我称之为"下一代"自然,而不是"全新的"自然,因为这不是一次性的事件。从进化的角度来看,一切都遵从旧习。大自然并非静止不变,它是动态发展的。一次又一次,旧的自然变成了下一代自然,随着时间的推移,这个下一代自然又变成了旧的那个。自然总是建立在现有的复杂程度之上:物质基础之上形成了生物体,生物体之上形成了意识,意识认知之上形成了计算系统。在本书中,我们即将启动的下一代自然,从复杂程度来说,是地球上的第八个进化层次。

进化已经历经了数十亿年,从它的角度来看,科技圈的出现并不比复杂分子中的活细胞进化和生物圈的出现更引人注目。然而,站在人类的立场上,科技圈的出现是十分了不起的,不过随着它的建立,我们要背负的责任也更重了。人类是否是进化的一项"发明"——尽管我们的诞生并不是有意为之——我们的存在是否是为了促进进化自身的发展呢?我想不出还有哪一个物种的出现引发了一个全新的进化阶段,一个正在打破以 DNA(脱氧核糖核酸)、基因和碳水化合物为基础的且持续了数十亿年进化过程的新阶段。正如 DNA 曾经是从 RNA(核糖核酸)进化而来的一样,今天,多亏了人类的活动,我们看到了其他材料,如硅芯片和塑料,向非遗传进化这个方向的飞跃。我们将看到全新的物种如何出现在正在发展中的第八个进化层次上,它们不仅比人类更占主导地位,而且实际上也"包裹"着人类,人类就像分子中的原子,或者细胞中的分子一样。具有讽刺意味的是,人类自己就是这一切的始作俑者。也许我们并不是有意为之,但这并不意味着后果不严重。科技不仅改变了地球的全貌,也同样改变了我们人类。

我们从来没有主动计划或构想过这一切，但它就这样发生了。在这里我想重复一遍，我们还是年轻的物种。人性尚未成熟，我们还处于人类这一物种的青春期。我们的大脑还在帮着我们适应热带草原上的童年，还没有准备好从整个地球的层面上做出思考和行动。我们仅仅是出现在了这个层面上，对它的影响还很微弱。然而，我们并不是一个只会破坏和摧毁自然的反自然物种。就像生物圈一样，科技圈也同样生机勃勃。它能够帮助我们互相连接、产生关怀、发展进化、实现梦想。这再好不过，而且充满了自然性。进化本身永不停止。但是，作为一个物种，我们有意识地继续努力进步也至关重要。我们成长和成熟得越快，我们就越能意识到自己作为进化催化剂的角色，并且更有意识地扮演好这个角色。

如果我们想要有效地解决当前的问题，比如气候剧变、大片森林消失和生物多样性的减少，再加上城市化、数字化和人工智能的崛起等，我们必须改变我们对自然的印象。传统意义上，我们认为自然和科技是对立的，就像白天和黑夜一样充满差别。在第一章中，我会向大家说明，那些通常被认为是自然的东西，其实大部分都是文化产物，是人类创造力的结果。在第二章中，我将关注科技是如何让我们能够大刀阔斧地改变生物学过程的。在第三章中，我将探索人类离彻底掌控自己的发明还有多远。科技的普及日新月异，对它实施掌控也逐渐艰难，其发展之快，以至于一种自主的（或许也是自然的）力量似乎开始崭露头角，这是我们从未想象或预见到的。第四章将回顾科技圈的兴起，人类活动在古老的生物圈的基础上进化，并以各种方式与之相互作用，这些活动汇总在一起，形成了科技圈的现象。在第五章中，我们将会看到，新技术在起初总是充满人工痕迹并表现得很古怪,然而,随着它们逐渐被使用和被认可,它们就会让人类觉得越来越熟悉,最终变得不可或缺,甚至可能成为人类天性的一部分。通过发明创造的能力,人类不仅改变了生存环境,同样改变了自身。不过,我们仍然不是进化的终点。在第六章中,我将开始带领大家一同探究,由于人类的存在,非遗传领域如何将进化的复杂性提升到了一个新的水平。进化的基础结构从基因转向了模因①(meme),它是一种信息的自我生产模式。在第七章和第八章中,我将讨论模因对地球和随它产生的新物种的影响。第九章将探索进化之进化。人类是激起下一波进化浪潮的自然产物吗?基因生物会被模因生物所取代吗?如果基因生物会被取而代之,那对我们来说意味着什么呢?在第十章中,我会展示人类如何被裹挟进新一代的、进化的超级生命体结构中。在第十一章和第十二章中,我会列出人类可能面临的后果,然后尝试描绘一条令人满意的未来之路。我们还能在优势种的位置上保持多久?新物种要将我们取而代之了吗?

　　我们该如何梦想、如何构建、如何生活在下一代自然中呢?我并不觉得我有能力预测未来,我们能够确定的只有这一点:改变终将进行。这本书探索了人类、自然和科技之间的关系的新视角,并列出了研究人员、设计师、企业家、教育工作者、父母和我们其他人可以从中学到的东西。关于人类未来的讨论太重要了,不能让专家独自讨论。地球上的每个人都受到科技变革的影响。如果不考虑科技的未来,我们就无法想象人类的未来。我们生活在一个初始阶段。生物学和科技的融合既带来危

---

　　①　模因,指在模因理论中文化传递的基本单位,诸如语言、观念、信仰、行为方式等在文明中的传播更替过程中的地位,与基因在生物繁衍更替及进化的过程中相类似。——译者注

险，也带来机遇。让我们发挥创造力，找到一条通往未来的道路，找到这条道路不仅对人类，而且对所有其他物种和整个地球都将是一个满意的结果。

　　与其退回旧的自然，不如让我们走向新的自然。这就是这本书的主题。

目录

第一部分 自然实为文化

第一章 树木闻起来像洗发水的味道 /3

第二章 天堂之外 /15

第三章 自然不完全等同于绿色产物 /26

第二部分 文化回归自然

第四章 欢迎来到科技圈 /37

第五章 科技金字塔 /48

第三部分 进化永不止步

第六章 优势种 /69

第七章 塑料星球 /82

第八章 人类世大爆发 /89

第九章 进化之进化 /102

第四部分　未来的人类社会

　　第十章　封装人类　/123

　　第十一章　蜂巢之战　/134

　　第十二章　你好,超级生命体　/149

尾声　人性化科技　/167

下一代自然的十个论题　/175

致谢　/179

注释　/183

第一部分　自然实为文化

自然可以被开发、设计、建造并作为一种商品销售。许多我们认为是自然的东西其实是人工培育的结果。我们对自然的定义需要更新。

第一章　树木闻起来像洗发水的味道

几年前，我和一位朋友在树林里散步。我们享受着风景的宁和，入目景色鲜艳夺目，四周气味芬芳怡人。突然之间，我们的目光被树林边缘一棵形状古怪、极不协调的树木吸引住了。隔着一段距离远远望去，它和其他树别无二致，只是它远远高于其他树。我们决定去调查一下，于是走向那个神秘的物体。我们很快就发现，其实那压根不是一棵树，而是一根伪装成树木的电线杆。

走近之后可以发现，它并不是一个完美的模仿品。它的树干其实是一根金属管道，上面涂了色，看上去有些像枝干。管道上面的树枝全部是塑料的。金属树木之外还有个电箱，通常还配有手机信号塔。惊奇之余，我感到被冒犯：为什么有人经过这个东西时会把它当成一棵树呢？我觉得我受骗了。我心里对自然的认知被划开了一个洞，这个洞永远都不会愈合了。

后来，我得知这座塔的建造计划遭到了当地自然爱好者的抵制。在他们壮丽的林地里建造一座丑陋的金属塔？这个主意可真糟糕。它会毁掉方圆几里内的风景。在这之后，一位机智的官员提出了一个建议，他在天线制造商的宣传册上看到，这座塔可以伪装成一棵树。一座伪装成松树的信号塔可以融入周围的环境而不会有损周围的景色。于是这棵天线树就被种下了。因为人们喜欢在未受破坏的原野中行走，同时，他们又希望能够随时打个电话。

　　我们可以达成一致，伪装成松树的手机信号塔不属于自然界。它充其量是一幅自然的图画，一种自然的表现，就像挂在你的沙发上方的一幅风景画。不同之处在于，信号树没有孤零零地立在博物馆或被摆放在客厅里，它被直接放置在自然景观中。显然，我们希望以风景画的方式来设计周围的环境：一个浪漫化的自然图像，它从未被人染指，因为我们总是想象着，自然在人们有机会改造它之前就已经存在了。

　　讽刺的是，这种对未受破坏的自然景观的渴望是风景画家灌输给我们的。在人类历史的大部分时间里，我们生活在未遭破坏的大自然中。不过，我们的生活环境没有浪漫主义的空间，生活就是为了生存。人类最开始通过农业来开垦土地，随着我们的居住环境城市化，人类和自然之间出现了距离，此后，我们必须做些什么来架起和大自然沟通的桥梁。17世纪时，一批优秀的画家开始把自然风光作为绘画的主题。此前就出现了一些风景画，但风景主要是作为其他主题的背景。随着风景画的兴起，画家们开始展示出自然界本身的美，这些美同样值得我们去欣赏。我们把这其中的道理奉为圭臬，以至于今天我们设计环境都是按照风景画中熟悉的意象进行的。小木屋和风车还勉强能入画，但现代化的金属手机信号塔可不行。我们渴望看到一片未被开发的自然风景，把信号发射器伪装成树木是这种渴望的副产品，你可以在世界各地找到它们：欧洲和加拿大的松树信号塔，埃及和摩洛哥的棕榈信号塔，亚利桑那州的仙人掌信号塔。而且，一旦你开始关注，你就会意识到，我们希望我们的环境与大自然的浪漫形象相匹配的愿望远不止此。

1. 自然：有史以来最成功的商品

运动型多功能汽车已经成为我们社区常见的交通工具。运动型多功能汽车（我们过去称之为四轮驱动汽车）往往有着令人印象深刻的名字，如欧蓝德（Outlander）、探索者（Explorer）、自由侠（Renegade）和陆风（Landwind）。虽然广告总是描绘人们驾车穿越广阔、壮丽的自然景观的情景，可是在车买来后的大部分时间里，你只会堵在路上，望着外面灰色的噪音屏障。周围没有山丘，没有大雪，也没有其他天气状况可以证明拥有一辆四轮驱动汽车是值得的。幸运的是，由于大多数越野车很少去到野外，经销商会出售喷雾泥，让你的轮圈呈现出在野外溅起泥点的外观。显然，大自然暗示性的气息就足以让人们放开钱包购车了。

自然是绝妙的商品——也许是我们这个时代最为成功的商品了。你可以花几天时间,数一数你的日常环境里有多少产品是借自然画像来营销自己的。我自己就试了试,找出来的结果令我大吃一惊。我写这本书用的平板电脑是苹果公司生产的,这家公司并不出售水果,它卖的是电脑和手机。在这之前,我还有过一个黑莓手机。我的跑鞋不是用美洲狮的皮做的,以美洲狮为品牌名的彪马(Puma)只是参考了这种动物的运动形象;事实上,美洲虎的速度要比美洲狮快得多,不过以美洲虎为名的捷豹(Jaguar)也是汽车的品牌名;服装品牌拉科斯特(Lacoste)的标志是一只鳄鱼,不过卖的是 polo 衫等服装;百加得朗姆酒(Bacardi Rum)的酒标是一只蝙蝠,不过酒里本身不含蝙蝠提取物,这个名字只是暗指这种飞行哺乳动物活跃的夜间活动。

除了柔和的织物柔顺剂,杂货店还出售薰衣草洗发水、薄荷牙膏、桃子身体乳液和各种天然化妆品,尽管化妆本身就是非自然的,因为它的目的是人为地增强美感。当一个药店有 26 种不同品牌的避孕套出售时,我总是倾向于选择那些标榜自然的品牌。诚然,我不知道使用避孕套有什么和自然相关的地方,但我还是会选择买它们。

有时候,人们对自然的描述纯粹是凭借一种玩世不恭的感觉,比如绿色的悍马——这款车以蜂鸟为名,但它不是鸟或昆虫,而是军用车辆,改装后用于民用市场,其特殊版本排放尾气的污染程度可能略低于标准版本。只要把它涂成绿色,它就会卖得很好!

最后,还有那些标榜自然的、有机的和生态的产品,人们宣称这些产品是根据自然的原则和谐地生产出来的——尽管我们几乎从来没有听说过这些原则到底是什么。即使如此,有机产品仍然是一个巨大且不断增长的市场。营销人员已经发现,人们愿意为"自然的"这个概念支付额外的费用。我最近发现了一种生态杀虫剂:你可以用它以对自然友好的方式杀死昆虫。

20 年前,谁能想到可口可乐会推出一款"绿色"的新品,又有谁能想到麦当劳会在其欧洲标识上将红色变成森林绿? 比起鸟类或树木品种,今天的大多数孩子能识别出更多的商标。和性相关的商品销路广泛,但与大自然有关的商品卖得更好。

2. 小鹿斑比版的自然

我们可能会觉得不可思议,甚至有些震惊,大自然的概念竟然能被用来销售如此多的产品。但这只不过是故事的开始。大自然在市场营销中应用广泛、无处不在,它所带来的"副作用",即使是最精明的市场营销人员也难以察觉。当他们利用大自然来推广这些产品的时候,他们同时也在推广其他一些东西:一种片面的、属于自然的正面形象,认为自然是生活中固有的美好、和谐及安宁的象征。自然不那么美好的方方面面——极端的兽性、死亡、感染、灾难、流行病和其他毫无道德的变幻莫测——在市场营销中总是暴露不足。毕竟,这些东西不会帮助人们销售产品。就目前而言,像衰老和疾病这样更阴暗的因素也扮演着重要角色,虽然人们可以通过化妆品和药物来征服它们,但最好还是通过自然的方式。由于这种营销机制,大多数人对自然有一种乐观的、受广告影响的看法,这种看法实际上有些过于天真了。

我最近在一个水边度假胜地待了一个星期。2 只美丽的白天鹅在湖中游泳,它们是一对优雅的夫妇,身后还跟了 3 只毛茸茸的小天鹅。显然，新来的闯入者已经让天鹅爸爸动身去监视这片领土了。它有条不紊地捕捉附近所有的小黄鸭，抓住它们的头，有意把它们摇晃至死。旁观的度假者们大吃一惊。这不是他们从丑小鸭的童话故事或航空公司广告中认识的天鹅，广告中天鹅象征着优雅的服务。这只天鹅发疯了，度假的人们叫喊着，挥舞着船桨，想把它赶走。关于天鹅试图优化其后代存活机会的解释，在这里没有得到充分的理解。

　　人们普遍误以为自然总是平静的、安宁的、和谐的，但它也可能是狂野的、残酷的、不可预知的。今天，我们主要以一种休闲的方式体验大自然，大自然中有森林和沙丘，有整洁的步行小径，有大量的野餐桌和垃圾桶。大自然舞台是成年人周日下午的迪士尼乐园。一个在城市长大的孩子每天都用松香味的洗发水洗头。当她第一次和父亲一起穿过森林时，她说："爸爸，森林里有一股洗发水的味道。"我们可能会嘲笑小女孩对两种味道的本末倒置，可是，现在我们自己尚在风景画一样的景观中漫步，这种体验是多么愉快啊。我们还有真正的自然体验吗？还是我们生活在小鹿斑比版本的自然中？

3. 大自然的建设者

我们可能喜欢把大自然想象成人类之手未曾触及的东西,但这并不能阻止人类去建设自然。我见过的最极端的例子是弗莱福兰省,它是荷兰最新设立的省份。不足一个世纪以前,这个地区还是汪洋大海的一部分。1932 年,荷兰的工程师们建造了长达 20 英里①的水坝和阿夫鲁戴克大堤后,排干了新形成的湖泊的一部分,并将该地区变成了陆地。填海工程于 1969 年竣工,省会城市莱利斯塔德于 1980 年开始建设。今天,弗莱福兰省有荷兰第六大城市阿尔默勒市,也是该国最著名的自然保护区之一,奥斯特瓦尔德斯普拉森自然保护区 (Oostvaardersplassen Nature Reserve) 的所在之处。

最初,这片填海开垦的土地计划要成为一个工业区,但在 20 世纪 70 年代经济衰退之后,政治家们决定在那里建立一个自然保护区。"建立自然保护区"在世界大部分地区可能都会激化矛盾、产生冲突,但在荷兰却不是这样,荷兰的大部分地区都位于海平面以下,这个国家没有一平方英寸②的地方不是人类设计的。正如法国哲学家伏尔泰在 18 世纪所说的,"上帝创造了世界,但荷兰除外。荷兰这个国家是荷兰人自己创造的。"从那以后,荷兰人一直在尽一切努力来实现伏尔泰所说的内容。所以这毫不奇怪,在生物学家弗兰斯·维拉(Frans Vera)鼓舞人心的领导下,奥斯特瓦尔德斯普拉森自然保护区是根据我们相信在一万年前存在的自然荒原的理想化形象设计的。这些大自然的建造者称之为"再生的

---

① 1 英里≈1.61 千米。——译者注

② 1 平方英寸≈0.65×10⁻³平方米。——译者注

史前自然"。

任何走访过奥斯特瓦尔德斯普拉森自然保护区的人都会很快得出结论,惊叹自然的建设工作在这里取得了巨大的成功。这个地区拥有丰富多样的柳树、接骨木、芦苇、沼泽和草原。这里是大约30种不同鸟类的家园,包括像麻鸦和小白鹭这样的稀有鸟类。1992年在这里放生的40头马鹿,现在已经繁殖到3000多头。这儿还有1000多匹野马、300多头牛和100多只狍子。这是一个梦幻般的自然保护区,在这里可看不到任何一座手机信号塔。不过景色里还是有些不对劲的地方。在这片高度多样化的景观中,有一部分树木很明显被过多的马鹿剥光了树皮。因此,这里的风景更像是一片非洲热带草原,而不像是以荷兰的经典绘画为原型而建设的。

由于缺乏譬如狼这样的天敌,该地区马鹿的数量高得异常,数量众多的马鹿被栅栏围在保护区内,无法离开。每年冬天结束时,就会出现关于是否该为最弱的动物提供额外食物的争论。据报道,2009年大约27％的大型食草动物无法度过寒冬。第二年,在一个电视节目中,一只瘦骨嶙峋的马鹿跌跌撞撞掉进半结冰的池塘后被淹死,这引发了公众对议会的质疑。这件事情之后,荷兰议会决定,人们应该给这些动物喂食。

管理这个自然保护区的生物学家和生态学家,以及各种保护组织,总是坚持认为自然自有规划,人类不应该干涉。他们说,喂养虚弱又饥饿的动物会导致其数量失衡。他们的观点自有道理,但如果没有捕食者,那些通常被狼从缓慢死亡中解救出来的动物,必须忍受饥饿造成的可怕的缓慢死亡,这同样是非常残忍的。因此,在2010年,政治家们决定允许猎人在冬末猎杀身体极其虚弱的动物。这些动物的尸体被留下来,作为食物提供给乌鸦、渡鸦和其他食腐动物。除了旅游步道附近,其他地方都是这样。毕竟普通的自然爱好者不太会想在散步的小径上撞上一具腐烂的马尸。

有时候,给保护区围上栅栏似乎不是为了让动物乖乖待在里面被保护,而是为了防止愤怒的动物爱好者们进去添乱。2018年冬天,就在春天开始之前,最后一次寒流来临,愤怒的动物爱好者们采取了行动,把成捆的干草扔过栅栏。他们试图喂养这些动物,但是并没有阻止一半以上的马鹿因衰弱而被射杀。动物爱好者们情绪激动,一名护林员受到威胁,五名积极参与该事件的动物爱好者被逮捕。在初春,人们为死去的动物举办了一次葬礼。这件事最后闹到了法庭上。根据一名独立委员会成员的建议,该委员会得出结论,社会不支持让动物挨饿,法官决定通过预防性扑杀1800头马鹿,在2019年冬季之前将马鹿的数量减少到490头。因为不愿意杀死健康的动物,该保护区一半的护林员申请调离。虽然保护区的管理者们坚持认为资源稀缺和动物死亡是自然过程的一部分,但是动物爱好者认为马鹿是"被饲养的动物",保护区有法定的照顾义务。双方都是自然爱好者,但是他们对自然的不同观点引起了冲突。

4. 自然剧院

与其拼命坚持奥斯特瓦尔德斯普拉森是一片未经破坏的荒野,我们还不如把它当作一所自然剧院:有真实世界一样大小的人类生活做剧目背景,其中的野生动物都是演员。我们渴望一片未被破坏的风景,自然剧院让我们产生了一种错觉,让我们觉得我们真的拥有这样一片风景,但到头来,人类才是发号施令的人,不管我们喜欢与否——即使这意味着如果人类明天全部灭绝于某种神秘的病毒，水泵会停止工作，保护区在几天内就会被淹没在水下——但在今天，我们还是掌控者。即使我们希望事情有所不同，人类以某种形式进行操纵仍是不可避免的事情。

在这个剧院里，赫克牛——复生的野牛——无疑是主要的演员之一。在原始的史前草地景观中，像欧洲野牛这样的大型食草动物扮演了重要的角色。对于自然建设者来说，不幸的是，原始的欧洲野牛早已灭绝：最后一只在 1627 年死于波兰。今天的赫克牛的名字和它们的存在要归功于赫克兄弟，他们是纳粹时期德国两个动物园的园长。欧洲野牛在史前的洞穴壁画中被描绘出来，并被罗马人视为战利品。欧洲野牛的尊贵地位使得赫克兄弟决定让它们重返人间。由于 DNA 测序技术在 1933 年还不存在，兄弟二人以古老的绘画作为繁殖计划的基础，并使用西班牙斗牛作为繁殖种群。从外观上看，赫克牛很像欧洲野牛，不过原来的野牛肩高可达 6 英尺①，比再生的复制品要大得多，结实得多。尽管如此，在奥斯特瓦尔德斯普拉森自然剧场中的牛群依然充满活力地扮演着自己的角色，在自然资源保护主义者的命令下怡然自得地吃着草。

我们对自然的感知并不总是充满浪漫气息。在人类历史的大部分时间里，大自然都体现为一种反复无常的元素力量，它可以为人类提供很多，但会同样轻易地再次把它们夺走：干旱可能毁掉你的收成，暴风雨会毁掉你的小屋，火山或洪水能毁掉你的整座村庄。值得注意的是，西方对自然世界的浪漫化只是在 19 世纪后期的工业革命中才真正开始。随着越来越多的人迁移到城市，置身于远离自然的地方，他们开始能够以一种

①　1 英尺≈0.30 米。——译者注

毫无保留的感性方式来看待自然。当马鹿被饿死、鲸鱼被冲上海滩、小鸭被摇晃致死时,最震惊的还是城市居民。农民、牧羊人和其他乡村类型的人对这些事情往往看得更为平淡。城外的草更绿,人们只有在失去某样东西之后才会真正开始热爱它。我们通过一个复古的滤镜来观察自然。它总是被描绘成一个失落的世界,它只有在消失之后才会出现。但是如果你有办法,你为什么不把失落的世界带回来呢?

2017 年夏天,荷兰最大的环保组织——荷兰自然遗迹保护协会(Natuurmonumenten)的负责人马克·范登·特维尔(Marc van den Tweel)带我一睹了荷兰自然剧场背后的迷人风光。我们一小群人从莱利斯塔德(Lelystad)乘快艇到马克梅尔湖(Markermeer Lake),参观一个未来的自然保护区,那里还没有对公众开放。通过手机的 GPS(全球定位系统),我查看了该地区的地图和卫星图像。在手机上你所能看到的只有水域,但是我们却实实在在地走在了荷兰自然遗迹保护协会在湖中开始建造的群岛上。在接下来的几十年里,玛克旺德(Marker Wadden)群岛将发展成为一个有吸引力的自然保护区,一片属于候鸟和自然游客的绿洲。但这里的建设尚未完成。在我们访问期间,我们需要依法戴上安全帽。按照官方的说法,这个未来的自然保护区现在仍然只是一片建筑工地。巨大的景观打印机正在喷洒沙子,以一种精心设计的、异想天开的模式来建造这些岛屿。我可以想象 30 年后一日游的游客们来到这里远足,想象他们身处风景优美的荒野之中的情景。

最重要的是,自然的概念似乎是约定俗成的。我们约定把乡村的这部分叫作自然,其他部分则不叫自然。就像裸体海滩一样,人们在其他任何地方都穿着衣服,但在裸体海滩上脱掉衣服裸体走动就突然变得很正常。我们倾向于以同样的方式对待自然。我们把自然指定为类似这样的地方,在它周围筑起栅栏,星期天在里面徒步旅行。尽管我们需要允许彼此有一些幻想,但这种有限的自然景观无助于我们解决当前有关气候变化和生物多样性的问题。在接下来的章节中,我将尝试描绘一幅更丰富的自然图景。

第二章　天堂之外

尽管我们试图"拯救"自然并恢复与它的关系,但我们几乎从未问过自然究竟是什么意思,或者这个定义是如何产生的,我们怎么能这样呢?

任何试图回答这些问题的人都会很快意识到,不仅是广告,环保组织也在构建我们的自然形象中发挥了作用。在我们进一步讨论之前,先发布一项免责声明:传统的保护组织从事了各种有用的活动,从维护自然区域到保护濒危物种和对抗环境污染等。在世界各地,成千上万的志愿者无私地献身于这些事业。这些努力当然是积极正向的,我不想批评它们。然而,我们的调查迫使我们提出疑问:他们行事的基础建立在对自然的哪些假设上?

乍看之下,环保组织采用的方法似乎多种多样:大自然保护协会(The Nature Conservancy,TNC)保护自然景观,绿色和平组织(Greenpeace)发起反对污染者的行动,世界自然基金会(World Wide Fund For Nature,

WWF)代表世界各地的濒危物种组织保护工作。然而，如果我们放大它们关于自然的基本假设，那么表面的多样性就消失了。所有的大型环保组织都对自然持保守的看法：过去的自然更好。在人类出现之前，自然界处于平衡状态。只要有可能，就必须保护自然，使之恢复其壮丽和谐的景象，让大自然重拾其伟大。

在政治上，我们可以在力主维持现状的保守党派和力主锐意改革的进步党派之间做出选择。相比之下，环保组织只有一种风格：保守。我们谈论守护自然和保护环境并非偶然。所有大型环保组织向公众所宣传的自然形象不仅是静态的、保守的，而且是厌恶人类的，这暗指人类是一个反自然的物种，只会破坏和摧毁自然。我们是邪恶的生物，不配享受天堂。听起来很熟悉吧？你想的没错：我们都知道《圣经》里亚当和夏娃的故事，他们是第一批被上帝赶出伊甸园的人类，因为他们偷吃了智慧树的禁果，自此之后，人类便被烙上了永久的原罪，成了失败的造物。《圣经》将第一批人类定位在天堂之外。

虽然我们仍然可以把《圣经》看作是一部具有宝贵生命力的经典著作，然而如今几乎没有人相信在6000年前上帝6天内创造了地球。我们通过对《圣经》教条的怀疑，提出关键问题并观察地球的地质层次，得出的结论是：我们的星球应该有近45亿年的历史，而不只是短短的6000年。对不同的地质阶段、微生物进化成多细胞生物、地球生态系统的变化、各种物种的兴衰以及进化的各个阶段，我们都有着惊人的了解。然而，尽管我们对宇宙起源、地质学和达尔文理论有着现代的理解，但传统文化在我们对自然的普遍理解中仍然有一定的影响。现在，我们生活的世界充满了彩虹郁金香、修剪整齐的风景、复生的古代牛群、经过人工设计的婴儿,以及人工培养肉,难道不是时候改变我们对自然的看法了吗?

我们不能再把大自然想象成一个完美的天堂,直到人类出现并开始破坏和毁灭它。进化还在继续。我们来自大自然,我们是大自然的一部分。自然是动态发展的,永远没有终点,永远在变化。几千年来,人类在地球上可能是一个相对微不足道的物种,但是现在,由于我们的科技创新,我们已经成为进化中的一个因素,一股改变我们原始自然环境的力量。

1. 超自然

我们研究了自然是如何被人类当作商品开发、设计、建造和出售的。但是人类设计比我们谈到的走得更远。我们对自然界的许多干预已经呈现出一种人为的真实性。拿一根香蕉举例,就是随处可见的那种香蕉,你在任何超市都可以买到的那种。那是天然产物,对吧? 不完全是。你吃过野生香蕉吗? 它们里面充满了种子,很难剥皮,而且显然没有我们从杂货店里买到的那种好吃。在全世界各地售出的香蕉中,有一半以上是卡文迪什香蕉。由于没有种子,而且果肉更多,我们吃到的香蕉既方便剥皮又美味可口。你知道香蕉树是克隆的吗? 因为种子是从果实中培育出来的,卡文迪什香蕉没有种子,所以它们无法繁殖。农民通过砍掉根茎之后种植在土壤中的方法来培育它们。因为每一棵新种植的香蕉树都是其亲本的克隆,所以所有的香蕉都有相同的基因。我们今天熟悉的水果并不是纯天然的,它们主要是靠我们自己设计出来的。同样,供养世界人口的各种玉米、谷物和水稻都是经过精心培育的单一作物,经过种植和优化,为我们人类提供了所需的营养。

　　我们理解的"超自然"是指人类为了更好地满足欲望和期望而操纵的自然。超自然并不仅限于食物。还有很多其他的例子。你有宠物吗？和我们生活在一起的小猫和小狗给我们的生活增添了一些自然的色彩，不是吗？不完全是。几个世纪以来，人们一直在饲养和优化家畜，使它们更适合我们的需要。每一种现存的狗，从金毛寻回犬到贵宾犬到斗牛犬，都是狼的远亲。在历史上的某个时刻，狼群与人类结成了联盟。这让它们的驯化程度越来越高，它们的进化到达了顶峰——如果你愿意的话，也可以认为达到了谷底——狼进化成了可以被好莱坞明星装在手提包里的吉娃娃。另一个最近在犬类培育方面取得成功的例子是拉布拉多贵宾犬，它是强大、敏捷的拉布拉多犬和温顺、和善的贵宾犬的杂交品种。在植物区系的世界里，可以找到更多无害的超自然的例子。想想黑郁金香，几个世纪前，它只存在于神话当中，而在今天，它已经成为现实。

　　人类的设计使自然更加自然——超自然，比真实的东西更好，比古老的自然更温柔,其中危险也更少。转基因番茄比自家种植的番茄更红、更圆、更大,甚至可能更有营养。我们有低致敏性的猫和风景优美的自然保护区。所有这些事实上都是文化。当我们对植物、动物、原子和气候的控制加强时,它们失去了自然的特性,成为文化领域的一部分。这个过程已经持续了几千年,在我们这个时代已经达到了前所未有的高度。

2. 生物学变成了技术

19 世纪发生的工业革命,给了我们流水生产线和蒸汽发动机。20 世纪,计算机和互联网的出现引发了数字革命。21 世纪似乎正在成为生物技术的时代。2015 年,麻省理工学院媒体实验室主任伊藤穰一(Joichi Ito)在旧金山的一次会议上宣布:"生物技术是一种新的数字技术。"在他的演讲中,他把目前生物技术的状况比作早期的互联网。随着互联网的兴起,越来越多的消费者开始购买电脑,同样,DNA 检测设备也开始进入普通人的视野。

举个例子,看看人类基因组计划。人类 DNA 图谱的绘制始于 1990 年,耗时 13 年,耗资数十亿美元。今天,手掌大小的、价值一千美元的电子设备可以在几天内做同样的事情。如果这种趋势继续下去,不久之后,你的智能手机上就可能会有一台 DNA 扫描仪,你可以用它来检查你点的寿司是否真的是由那种稀有的鱼类做成的,或者你的约会对象的遗传物质与你自己的匹配程度如何,以及它们结合起来是否会生出健康的孩子。

我们不仅在绘制微生物世界的图谱方面做得越来越好,我们还在逐步培养它,使之壮大,而且得到的结果越来越精确。2010 年,克雷格·文特尔(Craig Venter)，人类基因组计划的先驱之一，推出了世界上第一个合成生物体。他的团队通过在计算机上设计一个 DNA 分子，然后将其移植到细菌细胞中。这个过程类似于在人体内植入一个人造心脏，区别在于 DNA 在细胞水平携带着整个生物体运转的指令。DNA 由四个化学碱基组成，分别缩写为 A、T、G 和 C。这些元素的序列出现在有关生物体结构和功能的遗传信息编码中。正如字母组合在一起形成单词、句子和书籍一样，DNA 碱基编码生物体内所有种类的遗传信息。通过移植改变的 DNA 分子，文特尔的团队能够编程细菌的特征。除了通常决定其功能的蛋白质蓝图外，DNA 里还包含了其创造者们的名字，甚至还有一个理论上可以读取并用来联系他们的电子邮件地址。文特尔称之为"地球上第一个以计算机为母体的自我复制物种"。主流媒体报道他创造了生命。文特尔本人指出，那些认为他是从零开始做到这一点的想法是不正确的。与之相反，他只是遵循了自然界的一个关键原则：所有的生命都来源于其他生命。就像景观设计师将现有的植物和树木组合成他自己的设计一样，文特尔对细胞核中的蛋白质结构进行了修改，以一种人们认为可取的方式，使其表现出不同的行为。几千年前我们就开始驯化动物和培育植物，现在我们已经开始驯化细菌、藻类和病毒等微生物来进行有效利用。原理是一样的，只是工作更加精确了。

值得注意的是，机械工程和计算机科学的原理正在生物领域得到应用。合成生物学这门新学科的目标是组建一个标准的微生物元素工具箱，这些元素可以像螺丝和螺栓一样插入遗传物质，创造出新的生物体，以新的方式表达自己。突然之间，细菌、藻类、病毒和其他微生物不再仅仅是病原体，它们有可能被用于各种不同的目的。也许被用于研发艾滋病疫苗？或者研发一种可以减少二氧化碳排放量或者能生产新型燃料的新型藻类？或者一种可以制造香奈儿五号的微生物？合成生物学所承诺的包含了上述所有目的，甚至还远远不止。

经过数十亿年的进化，病毒已经擅长在其他细胞中插入它们的DNA。为什么不利用这一点，让它们做出改变，从而让它们只攻击癌细胞呢？细菌和藻类是将一种物质转化为另一种物质的高手，为什么不利用它们将农业废弃物转化为燃料和药物呢？下一步将是设计复杂的多细胞生物，如植物和动物。数年来，研究人员一直致力于改造蚊子，让它们来传播疫苗而不是病毒。或者，用发光的树木代替路灯怎么样？我写本书时用的桌子是用胡桃木做的。也许有一天我们能够设计出以我们想要的形状生长的树木。又或者，也许你更愿意拥有一个由程序设计的、有机材料组成的房子，而且这些材料可以随着你的家庭成员的增多而逐步扩展？最后的这些例子仍然是基于当今的技术成就做出的富有想象力的、具有高度推测性的推断。但是现在已经有一种技术可以让我们自己的细胞做一些在其他情况下不可能做到的事情。

合成生物学使人类有机会利用经过数十亿年进化而变得擅长做某些事情的生物系统。将生物的这些品质与计算机的计算能力结合起来，为进步创造了无限的新机会，但也带来了新的风险和责任。生物技术正在发展成为一种新的技术。人类是改变自然的进化催化剂。在这个过程中，我们不仅改变了我们的环境，最终也改变了我们自己。我们目前正生活在改变自然的初始阶段，其后果几乎无法想象。

3. 制造人类

我们都在生物学教科书中看到过类人猿的进化图，它们开始直立行走,失去皮毛,最后变成人。不过,这幅画缺少了一些东西——一些很少有人注意到的东西。这个人没有穿衣服! 在现实中,这就像一个穿着小丑服装的杂耍猴子一样"不自然"。

德国哲学家阿尔诺德·格伦(Arnold Gehlen)将智人称为"Mangelwesen":有缺陷的生物。与其他动物相比,我们的适应能力很差,结构很原始,还发育不全。然而,我们已经证明了自己能够在和所有其他先天装备更好的物种的竞争中生存下来。格伦观察到,人类拥有一种极其重要的品质,这恰巧是其他动物所缺乏的:我们有劳动能力,能够通过劳动来改造周围的环境。其他动物有特殊的器官、天赋和反应能力,使它们能够在特定的环境中生存。与其他动物不同,人类不受任何特定环境的限制。我们没有去适应环境,反而学会操纵我们身边的环境,使环境能更好地满足我们的需求。鸟类和海狸也是这样做的,它们筑巢筑坝,但是我们走得更远。人类这个物种的特征意味着完美的人类栖息地根本不存在。我们生来就是文化生物。

在我们的理解中,"文化"就是一切由人类创造的东西。英语的"文化"(culture)一词来源于拉丁语中的"文化"(cultura),它来源于培养(colere)一词:培养、耕耘、荣耀、滋养。传统意义上,人们认为文化是与自然相对立的概念(自然是与生俱来的,自发产生的,其中没有人的主导作用),它是人类活动的组成部分,并赋予人类活动象征意义。罗马人有一个词语叫作"agricultura",也就是耕种田地。艺术、戏剧、文学、建筑和哲学意义上的"文化"概念只是在公元前45年左右才被广泛认可。在西塞罗(Cicero)的《图斯库兰辩论集》中的一段对话中,一名学生质疑哲学的有用性,因为"一些有成就的哲学家过着可耻的生活。"西塞罗回答说:"正如不是所有耕地都会丰收……也不是所有培育过的头脑都会结出果实……尽管如此,哲学依旧可以修炼灵魂。"

人类拥有独一无二的文化能力,通过这种能力,我们可以与周围的环境互动。我们是创造者,这是人类本性的一部分,它区分了人类和其他物种,因为我们比其他动物更好地使用了这种能力。从这个角度来看,生物技术不是对传统的打破,而是完全合乎物种发展逻辑的一步。人类在生物学上的能力使我们能够设计出生物学预设以外的东西。农业、小黄瓜、素食熏香肠——几个世纪以来,人类一直在使用杂交育种(基因工程是其中的一个延伸)来操纵植物和动物。我们对环境的改造技术已经变得如此纯熟,以至于我们开始把自己的身体看作是可以塑造和操纵的系统。

环顾你所在的房间,找出里面最富有自然气息的东西。仔细瞧瞧,那就是你。我们每个人都生活在完全由人类设计好的世界里。相对来说,人体本身还没有被人类改造过。如果一个来自中世纪的婴儿在现代家庭中成长,他可能会像其他现代孩子一样长大成人。生物进化比文化进化慢得多。但这种情况还会持续多久? 在过去的几千年里,人类的聪明才智彻底改变了我们周围的世界。你在任何现代城市都能找到的玻璃墙、混凝土墙和不锈钢墙,它们在我们史前祖先的世界里是不存在的。人类使用的工具从石斧一直发展到智能手机。科技在一步步变得强大而精确,以至于我们已经开始把它们应用在自己身上。而在我们结束之前,我们将彻底改变人类的生理构造,就像我们改变周围的环境一样。

医疗技术使人类越来越善于保养自己的身体。通常情况下,当我们的身体出现缺陷时,我们可以检测到病源并设法修复缺陷,因此,人类的寿命比过去长得多。医疗技术发展的下一步就是要超越现状,我们不只要保养身体,还要真正地改善它们。人体增强领域并不会止步于维持人类本身的状态,而是要积极对自然的人体进行改造。你想要减少生病的概率吗? 想要更好的记忆力吗? 想要更敏锐的感官? 来一双翅膀怎么样?

人类的改造能力在诸如超越人类极限这样的活动组织者眼里几乎没有限制。"突然之间,技术赋予了我们力量,我们不仅可以操纵外部现实(物质世界),而且可以操纵我们自己。我们可以成为自己想成为的任何人……所有的野心都将成为现实,无论我们的想法有多么奢侈,多么奇特,都不会再被认为是疯狂的或不可能的。在这个时代里,你最终能够做到想做的一切。"这种对改造能力无限的信仰十分乐观且富有野心,不过它也有点儿天真。一个常见的也经常是致命的逻辑错误,就是在寻求进展时混淆了可操作性和整体的改造能力。迈克尔·杰克逊就是一个活生生的例子。这位月球漫步的流行歌手获得了一种普通人只能渴望的失重状态。毫不奇怪,他抓住了这个机会来改变自己的外表。经过数十次昂贵的外科手术,杰克逊的脸终于完全失去了正常的状态,而要挽回这种损伤是不可能的。

　　我们能够在更基本的层面上操纵人体结构,这并不意味着我们的身体是完全可以被改造的。我们的身体中还有很多未知的奥秘。在我们对操纵人体结构热情的、有时过于自信的欲望中,我们几乎总是会遇到不可预见的副作用,这些副作用会导致意想不到的最终结果,或好或坏。想象有这样一个孩子:你可以通过规则、教育或抚养来操纵他,但最终他只能在有限的程度上证明其被改造性,因为他拥有自主权。无论我们想成为什么样的人,首先,我们都不能高估自己。目前,由我们改造能力带来的可能性也许会使我们进步,但也可能引发巨大的问题。"扮演上帝实际上是在玩火,"罗纳德·德沃金(Ronald Dworkin)说,"但自普罗米修斯盗火之后,我们人类就一直在进行危险的探索。我们玩火自焚,并承担后果,因为如果不这样做,我们就成了面对未知事物时只会退缩、不负责任的懦夫。"关于合成生物学和基因工程的争论不应该集中在我们是否应该去做,而应该集中在我们应该如何去做。我们今天所做的选择可能会影响到未来的所有世代。在我们开始塑造人类之前,我们需要决定我们想要并且能够在进化的舞台上扮演什么角色。我们稍后将更深入地探讨这个问题。现在,我们需要深入研究自然和技术之间不断变化的关系。

第三章　自然不完全等同于绿色产物

打印器官、人工培养肉、产油细菌：我们生活在一个人工制造的事物和天然的事物日益融合的时代。因此，自然和文化之间的区别正在成为一个新的问题。传统上，我们认为自然是一切天生的东西，如植物、动物、气候、宇宙等，而文化则是人类创造的东西。由于天生的事物与后天的事物相融合，这个界限在变得模糊。克隆婴儿是属于自然还是文化的例子呢？那么无籽葡萄、彩虹郁金香和为了医疗科学服务而患上不治之症的转基因老鼠呢？自然和文化之间由来已久的对立似乎不足以作为一件工具，让我们来理解自己和我们所生活的高科技社会。

在自然和文化之间划清界限一直是个难题。有些人试图回避这个问题，声称一切都是自然规律。为什么当鸟儿筑巢时，我们称之为自然，而当人类建造公寓时，我们称之为文化？人类起源于大自然，所以我们创造的一切——城市、塑料、核辐射——难道不都是大自然的一部分吗？这个问题值得一提。然而，其他人却提出了相反的观点：我们对自然的看法从定义上来说是一种文化建构。当我们使用"自然"这个词的时候,我们总是囿于语言的局限性。当我们谈论自然的时候,我们实际上总是在谈论我们与自然的关系,而不是自然本身。后现代主义者雅克·拉康(Jacques Lacan)声称我们看不到自然;他的意思是,由于我们大脑的局限性,我们永远不能完全理解自然的复杂性。

这两种观点都有道理——一切都是自然,一切都是文化,但同时,两者都不能令人满意。尽管把自然和文化混为一谈是很诱人的事情,但从哲学的角度来说,这是相当草率的。几个世纪以来,人们一直在将文化与自然分隔开来,相关的辩论伴随着各种各样的实践和道德方面的弦外之音。关于什么是"自然"的声明通常是为了证明一个特定的立场。13 世纪,基督教哲学家托马斯·阿基纳(Thomas Aquinas)认为艺术模仿自然,因为人类的理解力是基于上帝创造的所有自然事物。另一方面,作家和艺术家奥斯卡·王尔德(Oscar Wilde)认为自然在模仿艺术。他的意思是,艺术——文学、绘画、摄影等,打开了我们的眼界,教会我们去看待和重视自然。他以伦敦的大雾为例,"现在人们看到雾,不是因为雾本身存在,而是因为诗人和画家告诉他们这种天气神秘而可爱。"他写道,"伦敦的雾可能已经弥漫了几个世纪了。我确定事实如此。但是没有人看到它们,所以我们对它们一无所知。直到它们被当成艺术发掘,它们才得以存在。现在,我们必须承认,有关雾的描述太多了。"

1. 对自然的改观

几个世纪以来,自然和文化的区别一直十分有限,并且并不充分。通过回溯历史,我们对自然的看法已经发生了很大的变化,在未来,我们的看法很可能会继续改变。这并不能减轻我们寻找大自然的需要。我们每天都在各种各样的语境中使用这个词,但它并不能总是准确地指明我们的意思。我们将其运用于当代社会问题的各种辩论中,这些社会问题包括景观设计、食品生产以及我们孩子的未来等。不过,我们区分自然和文化的方式仍然是相关的,因为这说明了一些关于人类的观点:我们在自然界中占据什么位置?

与其简单地把这两个概念混为一谈,不如说我们对大自然的看法正在发生变化。我将用一个简单的图(图 1)说明这个想法。如果我们把"天生的"和"人工制造的"放在一个轴上,把"受控制的"和"自主的"放在另一个轴上,我们就得到了四个象限,我们可以用它来对各种事物进行分类。

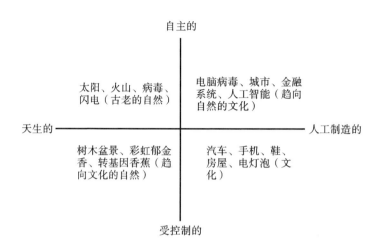

图 1　区分自然与文化的四象限图

注：在 21 世纪，天生的事物越来越受到人为控制和培养（自然变成了文化）。与此同时，人造环境变得如此复杂，我们正在失去对它的控制，它正在发展自己的自然动力（文化变成自然）。传统意义上，我们把自然定义为一切天生的事物。如果这个定义转变为一切自主生长的事物，那么这将是一个由人类带来的新的自然。

在"天生的"和"受控制的"交叉的象限，我们有树木盆景、彩虹郁金香和转基因香蕉。它们都是天生的，但它们也是超自然的例子，它们完全被人类控制，以至于我们不再称之为自然：它们属于生物设计的范畴。

与此同时，在天生事物的范畴里，还有很多我们无法控制的东西。想想病毒、火山、闪电和太阳。太阳比地球大得多，它的直径是地球的100倍以上，它的存在维持着地球上所有生命的存活。我们完全依赖太阳，却无法控制它。除此之外，在浩瀚的宇宙中，太阳只是一颗相对较小的恒星，而宇宙中恒星的数量比地球上的沙粒还要多，认识到这个事实，你会意识到稍微谦虚一点是不会错的。人类并非神灵。我们不是宇宙的主人。我们甚至无法穿越到另一个星系，更不用说回到过去了。还有很多事情我们不知道，也无法做到。在浩瀚宇宙的背景下，人类的影响是微不足道的：我们只是一个名为地球的淡蓝色培养皿中的实验文化产物。鉴于有人声称人类正在成为神灵，上述这种观点是值得讨论的。不过，这句话的真实性还有待探究，我们只是宇宙中一个遥远角落里的二流神明，或者是仅仅因为自己整理了一个游戏沙盒就觉得自己是无所不能的孩子。

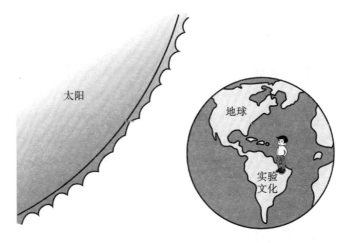

回到图1中的四个象限。在最后一个象限，"自主的"和"人工制造的"的交集，事情开始变得有趣起来。在这里，我们发现人造的事物似乎正在逃离我们的控制，比如计算机病毒、交通堵塞、城市、数字网络、人工智能、金融系统等。毫无疑问，是人类创造了金融系统，但是由于人类交易员已经被计算机算法所取代，我们是否还能完全控制金融系统尚且存疑。

四象限图突出了我们时代的两个重要发展。首先，我们越来越多地按照自己的欲望来改造天生的环境，与此同时，人造环境变得如此复杂，以至于我们正在失去对它的掌控。生物学正在成为技术,而技术正在成为生物学。因此,我们对自然的看法来了个九十度的转弯。传统意义上,对自然的定义是所有天生的事物,这种说法已经站不住脚了,这个术语的含义也正在转变,还包含了所有自主生长的物种。

这可能看起来像是一个新的想法,但值得注意的是,它符合古希腊人所持有的观点。古罗马人用拉丁语的"自然"(natura)一词来表示出生,而古希腊人则用"物质"(physis)来表示生长。我们是不是又回到了古希腊人对自然的定义:万物都是自主生长的? 如果是这样,其好处在于人类会再次成为自然的一部分,而不是将自己定位在自然之外,成为一个反自然的物种。我们是自然的一部分,我们源于自然,通过我们的存在,我们正在改变自然。

然而,认可这种新的观点需要思维的转变,而这并不是容易实现的事情。我们习惯于把自然和科技看作对立面,把它们看作区分明显的黑与白。然而,我们应该开始意识到,我们的科技不是在消灭自然,而是带来了一种新的自然,即"下一代自然",它可能和旧的自然一样狂野和不可预测。

这种 21 世纪的新观点代表着与启蒙运动和现代性的决裂。启蒙运动和现代性自 17 世纪以来塑造了西方思想。在启蒙运动期间,基于当时的科学发现,科学家提出人类可以统治自然这一观点。弗朗西斯·培根教导我们,知识就是力量。人类只有学会深入研究自然,才会发现自然的秘密。如果鸟能飞,为什么我们不能? 法国哲学家孔多塞(Condorcet)认为人类和自然之间的斗争是进步的催化剂。人类不仅通过斗争学会了控制自然,更重要的是,在这个过程中,人类获得了进步。人类通过人性的提升获得了自己的优势地位。进步不仅发生在人对环境的能动性作用中,它也发生在人类自身内部。因此,几个世纪以来,我们一直试图从自然中获得我们所缺乏的东西,最终目标是能够在没有自然的情况下生存。想象一下没有自然的世界。这可能存在吗? 我觉得这完全不可能。

2. 自然在和我们协同变化

从我们成为万物之灵长的那一天起,我们就一直在利用科技将自己从不可预知的自然力量中解放出来。最初的时候,我们建造屋顶以保护自己免受风暴的侵袭,发展到现在,我们有了治疗致命疾病的现代药物。在与自然的斗争中,人类对物质条件的依赖越来越少,这是事实,但是同时我们也变得越来越依赖科技和工具,依赖他人,依赖我们自己。

想想开车时我们需要依赖多少东西。我们需要高速公路,因此我们也要交道路税。我们必须给汽车安排燃料供应。一旦开车上了路,你必须集中注意力,这样你才不会撞到护栏上。你得当心其他司机。你必须拿到驾驶执照。为了让我们的身体更快地从甲处到乙处,这些东西都是必要的。现代交通减轻了我们身体的负担,但这是以增加社会负担和心理负担为代价的。从长时间的交通拥堵中解放出来之后,我们不得不去健身房锻炼身体。

另一个例子是冰箱。冰箱是一个很棒的发明,有助于延缓食物的腐烂。几十年来,工业用的氯氟化碳气体一直被用于冰箱,直到 1985 年,有证据显示它们严重破坏了臭氧层,使臭氧层变薄到令人震惊的程度。臭氧层能保护人类和其他动物免受太阳危险的紫外线辐射,它受到的破坏会给地球上的生命带来悲剧性的后果。长期无保护地暴露在阳光下会导致皮肤癌。当位于南极哈雷研究站的英国科学家们第一次看到他们的测量结果时，他们确信是仪器发生了故障。于是他们立即更换了仪器，但是新的读数同样令人担忧。直到《自然》杂志发表了这些科学家的发现，全世界的人们才意识到需要采取紧急行动了。氯氟烃冰箱的发明者可能从来没有听说过臭氧层。

这两个故事有什么寓意？我们不应该天真地对待简单的技术解决方案。汽车和冰箱都是有用的发明。但是，当它们把我们从自然的限制中解放出来时，它们带来了新的限制和威胁。人与自然的关系一直是一种征服与被征服的关系，这两者不停地交替往复。尽管我们付出了所有的努力，做了无数的实验，但自然生命仍在顽固地抵制人类工程。

不是每个人都会在一夜之间接受这种观点上的改变。它代表了与过去几个世纪的启蒙思想的决裂，启蒙思想认为我们生活在一个可以工程化的世界，我们每天都在更好地理解这个世界，并且它会屈从于我们的意志，最终，我们会打造出一个完美的世界。有些人坚持认为我们会继续巩固我们的统治地位，直到有一天我们能够生活在一个没有自然的世界里。和这些人不同，我认为，统治没有自然的世界，这种想法只是一种不切实际的幻想。每次当我们觉得自己似乎已经征服了自然的时候，自然就会证明它在其他方面仍然是一个值得尊敬的对手。在这个过程中，不仅人类在进化，自然也在发生变化。一旦我们以为我们理解或控制了它，自然就会向我们展示它的另一面。"大自然喜欢藏头藏尾。"希腊哲学家赫拉克利特（Heraclitus）说。

也许我们不应该把自然看作一个静态的存在，而应该把它看作一种动态的力量,这种力量从定义上来说就不在我们的控制范围之内。自然是一种自主的力量,我们永远无法完全掌握它,但我们与它保持着难以斩断的联系,我们是它的一部分。自然是我们人类进化过程中永久的陪练伙伴。真正的自然不完全等同于绿色产物,它正在随着我们而不断改变。

第二部分　文化回归自然

我们所创造的环境正变得如此复杂、自主且不可控制，以至于我们已经开始把它当作自然的一种新形式来体验。通过我们的存在和活动，人类正在地球上创造一个新的圈层：科技圈。

第四章　欢迎来到科技圈

一千年前,地球上的夜晚总是一片漆黑。除了偶尔发生的森林大火或者云层高处的闪电,太阳下山后,整个世界都漆黑得伸手不见五指。今天,从太空中看地球在夜间仍有活动的部分,你会看到城市、高速公路、渔船和钻井平台等组成的闪闪发光的金色网络。数十亿年来,这里一直是黑暗的,然后突然之间,灯光亮起来了。现在是地球之春吗?

美国国家航空航天局的地球夜景照片流露出一种矛盾之美。虽然在街道上看,我们能知道我们的城市是纯粹的文化建筑,但从外太空看,它们是闪闪发光的,是像苔藓一样的有机结构,让地球开花结果。然而,这种美景是具有欺骗性的。伴随着那张从太空中可以看到的由许多闪闪发亮的城市组成的神奇网络图的是,我们在浪费燃烧的化石燃料,我们在农业中使用杀虫剂,枯竭的矿山,海洋中的垃圾场,核辐射,以及数百万英亩①被砍伐的雨林,这些都是美景的代价。如果大自然的母亲真的存在,

---

① 1英亩≈0.40公顷。——译者注

她会怎么想?如果她看到一个"发烧"的星球,一个罹患"人类病"的星球,她会伤心吗?或者,她会很乐意看到这个发光的球体,把它看作一个迷人的进化实验正在进行的证据?

夜晚时分,地球被照亮的景象是科技圈最引人注目的可见表现。与我们定义为所有有机生命的总和的生物圈半行存在的科技圈——有时被称为科技界或智能圈(noosphere)——由地球上所有技术的总和组成。你首先想到的可能是数字通信网络、金融系统和人工智能等现代发明,但是像下水道系统、道路、货币、书写和机械钟表等较老的发明也是科技圈的一部分。科技圈是这个世界的科技集合的一个单独的名称,它强调的是,这个总和超过了它的组成部分,并且有它自己独有的动力。

人们讨论科技圈的时间相对较短。凯文·凯利(Kevin Kelly)在他2011年出版的《科技想要什么》一书中对这个问题进行了反思,这本书启发了很多人。但是早期的思想家也做到了这一点,比如德日进(Pierre Teilhard de Chardin)和弗拉基米尔·韦尔纳茨基(Vladimir Vernadsky),他们在20世纪早期提出了地质学的基本概念。除了岩石圈(地球上所有死物质)和生物圈(地球上所有活物质),他们还谈到了智能圈

(noosphere,"noo"源于 nous,希腊语中"智慧"的意思）。在很长一段时间里,我使用的都是"智能圈"这个词。直到我意识到它给许多人留下了某种抽象的印象,从而对推动讨论没有多大作用之后,我才在 2012 年将这个术语改成了"科技圈"。在德国文学史上,哲学家彼得·斯洛特戴克(Peter Sloterdijk)对我们生活的"球体"进行了深入的论述。而且现在"科技圈"这个词已经被地质学家们使用了一些年。

因为我把技术定义为人类创造力的物质外壳,在我看来,"智能圈"、"科技界"和"科技圈"是重叠的。然而,细微差别还是存在的。"智能圈"这个词有更多的精神联想,更加强调思想,而"科技界"和"科技圈"则强调思想的物质化。所以你可以说,计算机处理器,作为一种明显的人类聪明才智的物化产物,是科技圈的一部分,但是在它上面运行的智能的自学软件是非物质的,因此是智能圈的一部分,而非科技圈的一部分。或者,由于自学软件依赖于处理器,我们可以将其视为人类思想的间接物化产物,并将其置于科技圈之内。

"科技圈"一词的吸引力有两方面的原因：一方面,它指的是直接影响到我们所有人的科技变化;另一方面,它与我们熟悉的"岩石圈"和"生物圈"的相似之处,突出了各种进化圈之间的联系。正如生物圈建立在更为古老的岩石圈之上并以各种方式与之相互作用一样,科技圈也在进化,并与底层的生物圈相互作用。

1. 隐形的泡泡

除非你是热带雨林中与世隔绝的部落的一员,否则你周围的环境更多地属于科技圈,而非生物圈。科技圈就在我们周围。你所穿的衣服,你所坐的椅子,你所居住的房子,你所行驶的道路,给你供水的管道,清除你排泄物的下水道,等等,这些都是科技圈的表现。近期,我坐在一架即将开始降落的飞机上,我的手机响了。显然,天线的电磁辐射高到可以在空中到达我这里。就在那一刻,我意识到科技圈就像一个看不见的泡泡,延伸到了地球表面上方几千米处。不过,它的影响范围远不止这些。我所坐的飞机也是科技圈的一部分。你是否知道,在一天中的任何一个时刻,都有超过8000架飞机在地球表面上空盘旋,其中载有的乘客人数比7万年前地球上活着的人数还要多?还有环绕地球运行的通信卫星,如今已超过2000颗了。

最近一群地质学家估计了科技圈在物理上的质量。他们将其定义为人类活动的所有物质产物——房屋、工厂和农场,以及汽车、电脑、智能手机、灯泡、钻井平台、钢笔和音乐光盘等。他们还计入了不断增加的废弃物质,包括垃圾场中的垃圾、海洋中的塑料、环绕地球的太空垃圾,甚至是人类排放到大气中的二氧化碳等。地质学家们估计,科技圈的物质基础设施大约重30万亿吨,相当于地球表面每平方米大约重50千克。我们如此沉浸在科技圈中,以至于我们忽视了它的存在:正如鱼类不知道它们游泳的水是湿的,我们的生活与科技圈密不可分。

没有人确切知道科技圈是什么时候开始形成的。它比人类这个物种年轻,但比任何活着的人都要老。夜间的地球和它那被城市和高速公路照亮的网络,是科技圈最明显的表现。我们可以指出的是,我们远古祖先创造的史前篝火,是最早的同类表达。你可能觉得这太早了,因为当时还没有一个篝火网络,其整体也没有大于各部分的总和。那么,转折点究竟在哪里呢?什么时候飞鸟才算成群?两鸟不成群,但千鸟成群。在这两者之间的某个点,一个新的概念出现了,而这个新的概念的总和具有其各个部分所不具备的东西。

你可以问一个关于生物圈的类似问题：它是什么时候凌驾于岩石圈之上的？当第一个细胞出现在没有其他生命的地球上时，生物圈就诞生了吗？抑或生物成为地球上一个重要因素才是生物圈诞生的标志？如果一只蜘蛛织出一条线，那能算成一张网吗？还是说，只有当它有足够的线去抓苍蝇的时候，它才是一张网？我们可以对科技圈的起源问题争论不休。它是从人类控制火种开始，从农业开始，还是从工业革命或互联网的发明开始的呢？可以肯定的是，在更古老的生物圈之上的科技圈的动荡发展，与人类的出现有着直接的联系。我们生活在一个科技圈崭露头角的过渡阶段。

2. 科技未来

当我们想到科技圈时，我们很容易把它的演变和影响看作是未来的问题。计算机会变得智能化吗？机器人会抢走我们的工作吗？我们的血液中会有纳米机器人吗？医学会先进到让我们能够永生吗？如果科技持续以指数级速度发展，超过我们任何人能够跟上的程度，生活将会是什么样的呢？科技圈会获得自己的意识吗？会不会出现一个支持或反对人类的超级人工智能主宰世界？或者，与之相反，我们能期待解决我们所有的问题，并建立一个人间天堂吗？

世界上有许多思想家和潮流观察家，他们的工作就是描绘未来科技可能的发展趋势。关于这个问题，人们已经写出了无数的书。然而，对科技圈的真正理解，始于我们此时此地的个人体验。在我们的生活中，在哪个时刻科技圈的进化变得显而易见了呢？我自己最先想到的是手机。这本书的很大一部分读者的年龄应该偏大，可能还记得当年没有手机时的生活情景。你还记得你得到第一部手机的时候在想什么吗？我第一次看到便携式电话的记忆永久地印在了我的记忆里。1989年，我在一家酒吧里，一位熟人若无其事地把一部公文包大小的手机放在桌上的饮料中间。这种类似砖头的电话被称为车载电话，因为它太大了，要想随身携带，你需要一辆汽车载着它。在那时，对需要随时保持联络的主管们、经理们和议员们来说，便携式电话是社会地位的象征。10年之后，我买了自己的第一部手机，那是1999年——不算太早，也不算太晚。我身边的很多熟人都有这个通信工具，而且，有了它之后，在任何地方打电话似乎都很方便，所以我也决定买一个。10年之内，我的智能手机已经成为我身体的一部分。它可能不会真的被植入我的身体里，但它与我的身份和我的生活方式是不可分割的。对我而言，在不到20年的时间里，手机从最开始的无足轻重，到渐渐让我觉得相见恨晚，最终成了我生活中不可或缺的一部分，这个转变过程是惊人的。

3. 更新换代

移动电话的兴起是科技圈嵌入我们生活的一个实例，相对来说，它仍然属于新生事物。然而，新生代默认了移动通信的存在，认为它是生活中理所当然的一部分。我最近和一个小男孩聊天，他想了解老式的固定电话。如果手机需要连着电线，不是所有走在街上的人都会把电线缠在一起了吗？手机上拖着一根长长的绳子可真不方便。如果你在骑自行车，绳子该怎么处理呢？对于新生代来说，移动通信是人类存在的自然组成部分，是生活的一部分，就像互联网或社交媒体一样。他们无法想象一个没有这些现代科技的世界。就这样，斗转星移，更新换代。

想象一下，如果我在一个世纪前写了这本书。我不可能谈论手机，我可能会用电灯替代手机，以此阐明我们的生活是如何与科技圈交织在一起的。一个多世纪以前，电灯照明还是一个新鲜事物，一个必须向人们解释的创新发明。那时候,在安装了电灯的酒店房间里,会有告示牌(图2)告诉客人:"这个房间装有爱迪生电灯。不要试图用火柴点燃它。只要在门边的墙上转动钥匙就行了。"还有一行小字让他们安心:"使用电灯照明对健康没有任何危害,也不会影响睡眠的安全性。"这些都不是我们今天会担心的事情。我们如此习惯于电灯照明,以至于我们几乎不把它当作科技产品。然而,对于我们的曾曾祖父母来说,它的出现是一场科技革命,它的可用性是一个有争议的问题。今天,全球绝大多数人都可以使用电灯。即使在最偏远的印度村庄,日落之后,你也可以在灯光下阅读一本书。

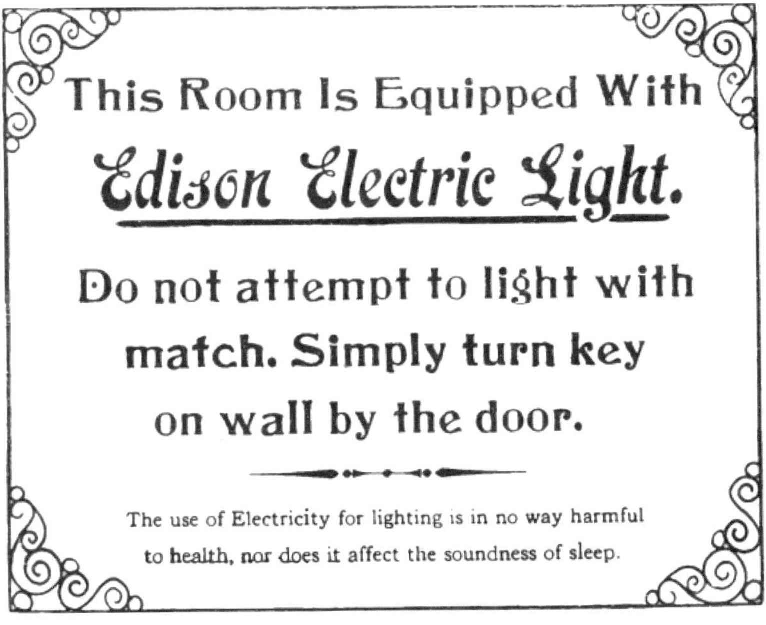

This Room Is Equipped With

Edison Electric Light.

Do not attempt to light with
match. Simply turn key
on wall by the door.

The use of Electricity for lighting is in no way harmful
to health, nor does it affect the soundness of sleep.

图 2 酒店电灯告示牌

注:电灯照明曾经是一项需要解释的陌生技术。在装有电灯的酒店房间里,酒店会通过告示牌向客人介绍这一创新发明。

如果我在中世纪写这本书,我可能会用时钟作为例子。机械计时器的出现使人们能够根据比年、月、日更精确的自然单位进行约会。几年前,在非洲的一个小村庄里,我遇到一位老妇人,她只要看看太阳的位置,就能准确无误地报时。今天很少有人把太阳当钟来使用。现在,我们不会在黎明时分被阳光唤醒,而是被闹钟声惊醒。我们大多数人都知道一边听着闹钟响,一边躺在床上希望能多睡一会儿是什么感觉。这是不自然的:机械的节奏优先于生物节律。这是一个微妙的例子,说明科技圈如何同化生物圈,而且这种同化已经持续了几个世纪,不仅通过最新的平板电脑、智能手机和追踪器,还通过钟表、金钱、书写,甚至还包括农业等方式进行同化。

如果我在一万年前写这本书——那时候还没有书,为了让我的论述通畅,让我们假设一下那时候出现了书——那么我可能会在书中谈论农业。虽然在今天我们无法想象一个人口达到 70 亿的星球会没有农业,但农业曾经是一项新发明。它的出现结束了我们作为狩猎采集者的生活。我们开始播种可食用的植物,等待几个月让它们成熟,然后收获它们。农业是对自然环境的彻底干预,从根本上改变了人类的生活方式。我们发明了农作物种植和畜牧业,开始定居下来,因此形成了村庄。我们把动物圈养起来,而不是猎杀掉。由于不是每个人都要花一整天的时间去采购食物,劳动分工出现了,物物交换的频率也增加了。有人说,"我来当市长。"其他人成了医生、工具制造者、艺术家、哲学家等。做这些事都需要人类的独特性,这在其他动物身上是没有的——尽管某一种蚂蚁也从蚜虫中挤奶,因此形成了一种畜牧业。

生活在农业初期的人们是否讨论过这种新做法对他们生活的变革性

影响呢？这件事尚未可知。农业的出现是一种进步吗？耕种减少了采集食物的时间，但也有它的缺点。即使在今天，一些研究人员仍然认为农业是一个坏主意，因为它导致人们食用更加单一的食物，提高了感染的概率，甚至形成的骨骼也更脆弱了。当然，这一切都很难证实，更不用说去反驳了。目前还有一些部落不种庄稼，比如肯尼亚和坦桑尼亚的马赛游牧部落，他们主要以肉和牛奶为生，现在甚至参与旅游业，但是我们可以把人类定义为一种从事农业的哺乳动物。农业起源于文化，但随着时间的推移，它已经成为我们自然的一部分。不可否认，这花了几个世纪的时间。农业革命实际上并不是一场革命，而是一场发生在几代人之间的演变。同样，科技圈也在我们周围逐渐发展。

我们倾向于认为现在一切都在飞速发展。地球上的每个人都在应对科技变革。不过，还发生了一些其他方面的变化，这些变化进行得非常缓慢，要经过几代人的时间才能显现出来。城市化就是其中之一。自2007年以来，全球已经有超过一半的人口是城市居民了。我们正处在人类进化的一个独特时期：在城市生活正慢慢成为一种规范。在世界各地，人们正从农村地区迁往城镇。一些显而易见的好处把他们吸引到城里，如关系到工作前景、收入、下一代的教育等方面的好处，他们认为城镇生活意味着更多的机会和更好的生活。在下个世纪，生活在城市的人口比例预计将继续上升。也许一千年后，城市将成为人类的自然栖息地，就像蜂巢成为蜜蜂的栖息地一样。

4. 进化新阶段

作为人类个体，我们主要意识到的是我们自己生活中的变化。我们看到了今天和祖父母时代的不同,在我们的想象里,我们现在的生活和祖辈时的生活有天壤之别。然而,在地球 45 亿岁高龄的背景下,不仅个人的生命周期很短暂,人类整个种族在这个星球上存在的时间也趋于无穷小。如果我们能够制作一个时间表,用埃菲尔铁塔的高度来表示地球的年龄,那么你的寿命将小于建筑物上油漆的厚度。如果我们假设智人已经存在了大约 30 万年——这是一个宽松的估计——那么地球的存在时间要长 2 万倍,以埃菲尔铁塔的尺度为标准,这个物种的年龄只有半英寸[①]的高度。半英寸只有你的鞋底那么高。即使选取宽松的计算方式,把像直立人这样进化了将近 200 万年的早期人类包括在内,也只能让我们刚刚达到脚踝的高度。

因此,尽管科技圈存在的时间相对较短,并且与人类的出现直接相关。但这并不意味着它会消失。我们可以假设它将继续增长。生物圈始于第一个有生命的细胞,在那之后,它花了大约 20 亿年才迈向复杂的多细胞生命这个进化方向。你知道地球的大气层并不总是含有氧气吗? 对我们人类来说,存在氧气是呼吸的先决条件。我们不必像在月球上那样,带着氧气罐在地球上行走,这要感谢蓝细菌。人们发现,这些光合细菌的化石已经有 30 多亿年的历史了。它们是地球上最古老的生命形式之一。如果它们没有进化,我们就不能吸气或呼气。事实上,我们今天所知道的人类或其他动物,如果没有大气中的氧气,都是不可能进化出来的。这个例子展示了自然如何总是建立在以前达到的复杂性水平之上的。科技圈是这一进程的下一步进化方向。

---

① 1 英寸≈2.54 厘米。——译者注

　　进化启用人类这项"发明"是为了使自己能够进一步发展吗？科技圈作为一个新的进化水平会让不可预见的新物种诞生吗？我们将在第6章中进一步探讨这个观点。在此之前，我们需要谈谈人类与科技的共同进化关系。

第五章　科技金字塔

纵观历史,从石斧到移动电话,人类得益于各种各样的科技发明来扩展我们与生俱来的生理机能和精神能力。今天,我们几乎无法想象出一个没有科技的世界。地球上的每个人都在使用科技产品,我们每个人都必须应对科技变革。然而,尽管我们的生活与科技有着千丝万缕的联系,但是我们中的大多数人并没有完全意识到科技成果是如何在社会中被引进、被认可或被抛弃的。

走上街头,让人们去定义科技,他们可能会列举出一些在他们出生后被发明出来的科技产品:手机、平板电脑、家用电脑等。许多人心照不宣地将科技定义为他们出生后被发明的任何东西,或者"任何还处于测试阶段的东西"。这些定义有些让人想发笑,不仅因为它们很有趣,听起来很真实,而且因为它们也揭示了我们对科技的看法的局限性。只有当我们开始反思科技的功能时,我们才会意识到,除了最新的电子产品,科技产品同样包括住房、道路、汽车、轮子、服装、金钱和钟表等。

1. 科技融入自然的七步法

尽管科技与我们密切相关,我们却常常会忽略它们在我们生活中无处不在这个事实。当涉及科技变革时,我们就像梦游者,从一个设备换到另一个设备,却不清楚如何使用这些创新发明,也不清楚它们给我们带来了什么,以及它们将把我们带到哪里。在一个科技进步尤为惊人的时代,错失良机感尤为深重。如果我们要开辟一条通往更美好未来的道路,那么我们需要更深入地了解科技是如何出现的,以及它们在我们生活中扮演了什么角色。

通过科技金字塔(图 3)模型,我试图区分科技在社会中运作的不同层次。金字塔的灵感来自亚伯拉罕·马斯洛著名的马斯洛需求层次理论,它描绘了人类生存的基本要求,如食物、住所、安全、爱,我们的需求以此顺序上升。类似于需求层次,一项科技发明可以在金字塔的层次中上移或下移,不过,在进入一个新的层次之前,这项科技发明必须率先满足这个层次以下的层次。虽然科技金字塔不能回答我们所有的问题,但它可以作为一种工具,供科学家、发明家、工程师、设计师和企业家等在科技发展领域给自己定位,并最终更好地进行发明创造。

当我们从下往上浏览金字塔的 7 个层次时,我们会看到,尽管一项创新起初看起来是人为的、新奇的,还有些令人不适,但随着层次的提升,它逐渐被认可,其存在也被我们视为理所当然,以至于我们最终会认为它是生活中不可或缺的,甚至是我们自然天性的一部分。科技金字塔模型提出了一个问题:如果在达到一个新的层次之前需要经历较低的层次,那么一项科技发明所能达到的最基本的层次是什么?

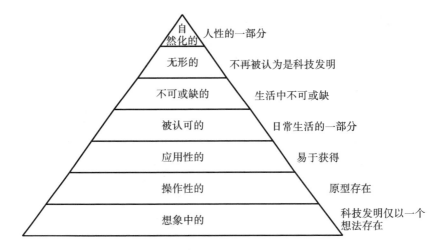

图 3 科技金字塔（科技融入自然的七步法）

注：正如科技金字塔所显示的那样，每一项新发明最开始都显得古怪而且人工性极强。当我们开始使用和接受它的时候，我们对它渐渐熟悉。最终，它变得必不可少，成为我们生活中不可或缺的一部分。真正成功的科技最终将成为人类本性的一部分。

（1）想象中的

一项科技发明存在的最底层、最基本的层次是在人们的想象中。在实施、生产和接受一项新发明之前，我们必须先有一个想法、一个梦想或一个愿景。许多现在普遍存在的科技发明，多年来只存在于人们的头脑中。例如，想想使今天的全球通信网络成为可能的卫星。1945 年，科幻小说作家亚瑟·C. 克拉克（Arthur C. Clarke）提出了地球同步通信卫星的概念。之后的近 20 年，这个想法只以虚构的形式存在。然后，在 1964 年，第一颗卫星"同步 3 号"发射升空，用于跨太平洋对夏季奥运会进行电视实况转播。

有些科技发明一经设想就得到了实现,有些则停留在想象的阶段。冷聚变、瞬间传送、时间旅行和人工驱动的翅膀存在于人类的集体想象中,但它们的不可行性使它们无法上升到金字塔的更高层次。回顾我们此前对科技发明的定义,即世界上独创性想法的物质化,你可能会说底层的发明还不是科技发明,因为它们还没有被物化。然而,草图和专利也是物化的形式。据我们所知,目前还没有时间机器的工作模型,但是时间机器已经在小说和电影中被"物化"了无数次。

虽然有些科技发明从来没有跨越这一层次,但作为集体想象和人类探索的参考点,它们是有价值的,能够扩展我们的身心。与其他任何领域相比,想象层次是梦想的领域,它是艺术家、诗人、作家和其他空想家的疆土。想想儒勒·凡尔纳(Jules Verne),他在 19 世纪用《海底两万里》《彗星大逃亡》和《从地球到月球》等书帮助创立了科幻小说流派。凡尔纳曾说过:"只要一个人能想象,其他人就能实现其想象。"更注重实践的人们可能低估了这一层次的价值,但它是每一项科技发明创新的摇篮。

(2)操作性的

科技发明存在的第二个层次是操作性的层次。在这个层次上,它作为一个原型或概念的证明,但没有被广泛应用,更不用说被认可。在我写这本书的时候,实验室培养的肉类——由培养的动物细胞产生的肌肉组织——就属于这一类。一些研究人员预测,培养肉作为一种可持续的、对动物友好的、替代饲养家畜的方法,前景十分光明。现在,虽然实验室里可以培养出少量的人工肉,但是这个过程既昂贵又复杂。在人工培养肉上升到第三个层次之前,还需要投入更多的研究人员和资金。

目前处于操作性的层次的其他科技发明实例,包括量子计算机、远距

离无线电和将植物废物转化为燃料的基因工程微生物等。它们在实验室里已经被论证是可行的,但是还没有被广泛接受和应用。令人遗憾的是,一些有前途的科技发明在这一水平上停滞不前,因为大规模应用它们的前景,以及由此带来的盈利能力太渺茫,以至于无法吸引投资者。在操作性的层次的科技发明研究领域中,不乏科学家和发明家,比如尼古拉·特斯拉,他早在 1891 年就对无线电进行了实验并制造出了可用的原型机,还有化学家玛丽·居里,她在放射性领域的发现开辟了科学创新的新领域。操作性的层次是基础工程研究的主要场所,其中的研究人员的数量比其他层次都要多。

(3)应用性的

当一项科技发明离开实验室并开始在社会中建立自己的地位时,它就被提升到了应用性的层次。谷歌眼镜似乎已经迈入了这个层次。它是一款带有半透明视觉界面的智能眼镜,为佩戴者的视野增加了一层信息。2013 年,一群精挑细选出来的开发者获得了购买谷歌眼镜的机会,以便他们能够试用并为其开发应用程序。尽管早期用户反应热烈，但该产品还是引起了争议，因为用户可能会偷偷拍摄他们周围的人。这副眼镜看起来很书生气，有些人甚至称戴这种眼镜的人为"眼镜混蛋"。在 2015 年测试阶段结束后，谷歌公司没有公布该产品消费者版本或发布日期的相关信息。这款产品似乎搁浅在金字塔的第三个层次上。不过人们现在已经在工业环境中使用谷歌眼镜了——谷歌公司已经推出了一个特殊版本用于工厂工作中，其能为员工提供工作上的帮助——是否有一天我们也会一边走来走去一边对着我们的智能眼镜说话呢？这点还有待观察。

在这一层次上，最近一个比较成功的科技发明的例子是亚马逊回声（Amazon Echo），这是一款智能扬声器，你可以对它输入语音命令，让它在家里执行一系列任务，它可以帮你播放音乐、调暗灯光，甚至订购杂货。在我写这篇文章的时候，亚马逊回声已经在美国和英国等少数几个国家上市销售。用户对此反应热烈，因此竞争对手们自然而然地将像谷歌家庭和苹果 HomePod（一款智能音箱）这样的替代产品推向市场。几十年来，只有《星际迷航》里的工作人员可以通过语音接口与计算机对话，因为在现实世界中，这项科技发明在操作层面上并不能很好地工作，但目前情况已经有所改善。今天，语音接口即将被广泛应用，我们很快就会知道世界上的其他地方是否愿意接受这项科技发明，允许它进一步上升到金字塔的上一层次。

在应用性的层次，我们看到了许多像托马斯·爱迪生这样的人的创业活动，他既是发明家，又是商人。爱迪生并不满足于构思出新的科技发明的原型，他也把自己的发明推向市场。人们往往低估了让一项发明被大众广泛接受的挑战。数不清的科技发明以数十年为计停滞在了应用性的层次上,直到最终达到社会认可,才进入下一个层次,或者回落到操作性的上一层次。有时,由于经济原因,科技发明也会在应用性的层次上停滞不前。例如,太阳能电池最终变得足够有效并得到广泛应用之前,它们几乎没有被使用过。基于一些原则上的考虑,某些科技发明也会停留在应用性的层次上。核能已被广泛使用多年,但从未被广泛认可,因为我们在道德上反对放射性废料的污染,并且担忧核灾难的威胁。电动汽车是另一项需要很长时间才能从应用性的层次上升到下一个层次的科技发明。它们的停滞,部分原因是行驶里程受限,同时也有石油行业反抗的影响。虽然电动汽车比汽油动力汽车发明得早,但功率更大且可以大规模生产的内燃机将电动汽车推回到了操作性的层次。直到最近,可持续发展意识的提高、电池寿命的延长以及城市对清洁空气的渴望等方面因素的综合发展,才引发了电动汽车的回归。

电动汽车的例子表明,科技发明并非孤独地在金字塔上攀爬,而是在有广大竞争对手的背景下发展起来的。一项科技发明的成功取决于它是否有能力适应现有的环境以及改变这种环境,并在竞争中击败老牌对手。

例如,节能 LED(发光二极管)灯,如果没有与传统灯泡相同的配件,它们就不会上升到应用性的层次。2012 年,白炽灯在全世界普及了一个多世纪之后,欧盟开始禁止生产和销售最常见的白炽灯。这项立法有效地将白炽灯从被认可的层次推回到了应用性的层次。一个多世纪前,白炽灯将蜡烛和煤气灯挤出了应用市场,现在它们正被更高效的 LED 灯所取代,并被认为是过时且老旧的东西。这个例子里,昔日万众瞩目的科技发明走向衰落,滑向了单纯怀旧的领域。

公众普遍认为,现代的、新奇的和充满人工痕迹的科技发明会从金字塔底层上升到被认可的层次,而从上层向下滑落的科技发明则被认为是古怪又过时的。除了白炽灯和蜡烛,其他落后的科技发明包括蒸汽火车、齐柏林飞艇、盒式磁带和传真机等。你可能偶尔会遇到其中之一,你仍然可以使用它,但它不再是我们日常生活的一部分。

(4)被认可的

从汽车到手机,从自动取款机到全球定位系统,被认可的层次的科技发明是我们日常生活的一部分。它们已经在社会上实现了密集分布,走向标准化和熟悉化。与金字塔的较低层次不同,科技发明进入被认可的层次主要取决于用户的感知。其决定性因素不是技术实用性,而是社会和文化的接受程度。

在这个层次上,我们看到了设计师、营销人员和用户体验专家的大量活动。苹果联合创始人史蒂夫·乔布斯是一位在这一领域取得巨大成就的创新者。尽管 MP3 不是他发明的,索尼随身听也已经存在了几十年,乔布斯还是将这两项科技产品结合在一起,创造出了超级便捷和成功的iPod,以及后续的 iPhone 和 iPad。

当一项科技发明进入被认可的层次时,它就会完成一个重大的转变,它从看起来新奇又充满人工痕迹,转变为看起来正常又熟悉。虽然像核能这样有争议的技术很难达到这一层次,但其他发明创造,如电视、手机和微波炉,却很容易被公众接受。为什么会这样呢?可能是因为它们符合我们现有的习惯、传统和直觉行为,而且比以前的科技发明如电影院、固定电话和对流烤箱有更明显的好处。一些新的科技发明甚至被设计用来模仿老的科技发明的行为,从而使它们爬上金字塔的更高层次。第一代 iPad 上的"木制"书架有意模仿传统的实体书架来帮助人们习惯电子书,即使它们开始把实体书推回到金字塔的较低层次,这个过程还可能让纸质书亡族灭种。

一项科技发明被认可的程度很大程度上是由文化决定的。一些驾驶员在没有 GPS 的情况下会迷路,其他人则可能从未听说过 GPS。有些人认为洗碗机是日常生活中不可或缺的一部分,但是在世界上的许多地方,它仍然被认为是一项新奇而美妙的发明。由此我们可以推导出一条普遍规律:一项被认可的科技发明是某些人日常生活的一部分,但还不是所有人的生活方式的一部分。一旦一项科技发明成为我们生活中不可分割的一部分,它就会上升到下一个层次。

(5)不可或缺的

当一项科技发明从被认可的层次上升到下一个层次,它就变得不可或缺了。因为我们不仅认可了它,而且不想再生活在没有它的世界里。此时,它已经成为我们生活中的一部分,使用它已经成为我们的第二天性。几十年前,手机还是一项陌生的科技发明。年纪较大的读者会记得他们关于是否应该买一个手机的争论。今天,手机已经成为我们日常生活的一部分,如果我们忘了带手机,我们就会觉得浑身不自在,或者感觉像丢失了什么东西。你的手机可能不会被植入到你的身体里,但它是与你的生活方式和你的身份不可分割的一部分。如果它不在身边,你就会魂牵梦萦,想念不已。

一项科技发明,一旦它的消失会给用户来带来危机,它就进入不可或缺的层次。处于不可或缺的层次的科技发明被视作理所应当,它们是我们生活中至关重要的一部分,没有它们我们将寸步难行。例如,城市里的人们依赖于供水和排污系统。事实上,城市本身即将成为一项不可或缺的科技发明,目前全球一半以上的人口居住在城市。我们可能不习惯把城市当作一项科技发明,但它无疑是人类创造力的体现。它的基础设施包括住房、道路、商业服务设施和市场服务设施,这项发明过于成功,以至于许多人没有它就无法生存。虽然我有一把折叠小刀,但我还是害怕会成为脱离城市者中的一员。我不知道如何种植蔬菜或打猎。我杀过的最大的动物是一只鸽子,它突然停在路上,车速太快,我来不及刹车。由于我依赖于食品杂货店、餐馆和外卖服务,我的自主性远不及我那史前以狩猎采集为生的祖先。在第十章中,我会谈谈科技是如何驯化人类的。现在,我们只需了解,对许多人来说,城市基础设施已经获得了不可或缺的地位,这就足够了。不可或缺的层次的科技发明也促进了低层次的科技发明所依赖的基础设施的发展。没有电,就没有互联网;没有互联网,就没有电子邮件;没有金融系统,我们就不会有自动取款机。

由于个人和文化的差异,被认可的层次和不可或缺的层次之间的界限趋于模糊。要达到不可或缺的层次,科技发明必须深深扎根于社会。在被认可的层次上的科技发明,如果被新兴的竞争者超过,会轻易地滑落到一个较低的层次。但是,一项不可或缺的科技发明,需要一个重大的文化变革或破坏的出现,才能被推回到金字塔的下一层。历史上达到或超过这一层次的科技发明包括货币、下水道系统和电灯照明等。最近,数字计算、互联网和手机已经进入了不可或缺的层次。

我们很容易就可以将某些创新型职业与前四个层次联系起来。处于想象中的层次的科技发明是有远见的艺术家和科学家的领域,操作性的层次的科技发明是基础研究人员的自然栖息地,创业型工程师统治着应用性的层次的科技发明,设计师、可用性专家和市场营销人员在被认可的层次的科技发明上做出了重要贡献。相比之下,在不可或缺的层次上,我们很少看到自称为发明家、创新者或企业家的人们的明确行动。相反,政策制定者扮演着重要角色。想想像巴拉克·奥巴马这样的政治家,在他的总统任期内,他试图使医疗保险成为一项公民权利,同时反对枪支成为美国必不可少的要素。下一任总统唐纳德·特朗普竭尽全力废除奥巴马的政策,这一事实突显出政治家和政策制定者在这一层次上扮演着重要角色。

由于不可或缺的层次上的科技发明不能被轻易移除,我们需要仔细考虑每一项发明创造的利弊,然后再放任自己依赖它。不可或缺的层次上的科技发明不仅影响个人生活,而且会影响整个社会,往往还会给子孙后代带来影响。我们与其在浑浑噩噩如同梦游般的状态下对科技产生依赖,还不如提前彻底了解任何看起来正在接近不可或缺的层次的科技发明的利弊。

(6)无形的

一旦一项科技发明变得不可或缺,它此后该走向什么样的道路呢?真正成功的科技发明是无形的。它们工作得如此之好,以至于人们不再认为它们也是一项科技发明。它们如此紧密地融入了日常生活中,以至于我们无法辨别它们。以书写为例。以符号形式记录口语是一种古老的信息技术,它使我们能够在物理空间永久地记录我们的思想和声音。今天,书写在世界上几乎每个国家都无处不在。书面信息不仅通过书籍、报纸、杂志和数字屏幕等传播,还通过路标、广告牌,甚至涂鸦方式传播。虽然儿童仍然需要多年的学习来掌握读写能力,但是很难想象没有它的生活会是什么样的。书写技术如此成功,以至于我们不再认为它是一项科技发明。其他类似的科技发明包括货币、钟表、服装等。它们都是在几千年前被发明的,并且对我们祖先的生活产生了显著的影响。但是,我们现在不再认为它们属于科技范畴。在无形的层次上,科技发明不再突出存在,在此之前,我们认识到它们是我们选择使用的工具,但在这一层次上,它们隐于无形,成为我们生活中隐形的伙伴。

一方面,无形的层次上的科技发明具有强大的力量,达到这一层次的科技发明已经真正成为人性的延伸;它们工作得如此自然,以至于我们不再把它们当作科技发明来看待。但是创新专家和我们其他人一样将它们视若无物,至少,这个层次的科技发明不会是他们更新策略的一部分,这意味着我们错过了大好机会。尽管有成群结队的远见卓识者、发明家、工程师、企业家和设计师投身于较低层次上的科技创新工作,但在无形的这个层次上活跃的专业人士少之又少。我唯一看到的专业人士只有老师。他们可以在这个层次上对后代施加影响,因为他们是教孩子们读、写和认识时间的人——如今,他们还教孩子们使用电脑。

(7)自然化的

位于科技金字塔底层的科技发明会让人们感觉到矫饰、陌生,而且还会带来令人不适的感觉。当科技发明攀升到中层时,我们渐渐熟悉了这种科技发明，最终也接受了它。如果一项科技发明靠近金字塔的顶端，它就变得不可或缺了。如果这项科技发明真的走向成功，它就会趋于无形。但是在无形的层次之上还有一个更高的层次。处于金字塔顶端的科技发明不再被视为科技，而是被视作自然化的东西。就像马斯洛的需求层次理论一样，很少有科技发明能达到顶峰。大多数发明创造在趋于稳定或被新兴的竞争对手挤下去之前，最多只能处于金字塔的中层。另外一些科技发明，比如下水道和互联网，已经取得了不可或缺的地位：如果把它们从人类生活中抹去，危机就会爆发。还有一小部分科技发明，比如书写，发展到了一个完整的境界，变得无处不在，它们是无形的，不再以科技的身份面世。

然而，自然化的科技发明比无形的科技发明处于更高的层次上。它们已经成功地融入了我们的生活中，成了我们天性的一部分，着装就是一个例子。几千年前，我们才华横溢的祖先突然想到用动物的毛皮做外套。这一发明使人们能够居住在不穿衣服会觉得过于寒冷的地方。今天，穿衣服已经是人性的一部分了。

农业是另一个例子。大约 1 万年前，我们的祖先开始种植庄稼，使作物生长，然后在秋季结束时进行收割。这种做法代表着我们从狩猎采集者的生活中解脱出来，也是对我们与自然环境关系的根本性干预，这就是当时的生物科技。如果没有农业，就不可能养活今天全球 70 多亿人口。如果我们想回归狩猎采集的生活方式，地球需要有现在的 10 倍大才行。人类已发展成了一个农业物种。

烹饪也许是自然化的科技发明中最古老的、最有代表性的例子。我不是在谈论类似微波炉这样特定的科技发明成果，而是指在食用食物之前加热食物这项基本原理。我们现在认为烹饪是人类天性的一个方面，但是,20万年前,当我们的祖先开始烹饪时,烹饪还是一项具有创新性的新技术。其他动物都不会做饭。如果没有烹饪技术,一个成年人每天必须吃8磅①的生食才能获得足够的营养。我们在吃食物之前对它们进行简单加工可以使我们在更短的时间内摄入更多的热量。根据"脑肠相通"假说,因为我们这些古人类祖先的后代依赖于烹饪技术,导致我们的消化管萎缩,大脑却发育了起来。烹饪和照料火堆甚至可能引发了配偶关系、婚姻和劳动分工的产生。烹饪改变了人类历史的进程。这项技术起源于一个极其遥远的祖先脑子里孵化出来的奇怪的新想法。在被投入应用并得到认可之后,它脱胎换骨,成了人类生活中不可或缺的一部分,直到最终融入人类本性,第二天性变成了第一天性。

2. 浓雾中的塔尖

从整体上看,科技金字塔揭示了我们与科技关系上的一些关键性真相。首先,很重要的一点是,大多数人并不认为顶峰上的科技处在登峰造

---

① 　1磅≈0.45千克。——译者注

极的位置，这就好像金字塔的塔尖隐藏在浓雾中一样。当我们谈到科技时，我们通常指的是处在较低层次上的科技发明。然而，如果我们想要改善我们与科技的关系，着眼于更广阔的图景是至关重要的。人们对低层次的科技发明的关注解释了这一流行观点，即科技是非自然的、充满人工痕迹的，而对较高层次的科技发明的关注则凸显出这一事实，即科技在我们的生活中扮演着比我们可能意识到的更为深刻的角色。处于金字塔顶端的科技发明，如烹饪、服装、时钟等，已经成为我们生活中浑然一体的部分，以至于我们把它们视为人性的元素。

当雾气从塔尖散去时，我们看到科技发明远不只是我们可以随意取舍的时新小玩意儿或者不成熟的发明创造。人类从诞生之初就开始运用科技来应对挑战了。我们本身就是非自然的。正如蜜蜂与花朵共同进化，在采集花蜜的同时传播花粉，从而帮助花朵繁殖一样，人类与科技也有着共生的进化关系。

这一观点为我们提供了一个看待自然与科技之间的关系的新视角。传统上，我们认为自然和科技是对立的，但是，正如金字塔所显示的那样，随着时间的推移，科技也可以自然化。纵观人类历史，我们人类一直利用科技将自己从自然的力量中解放出来。科技始于建造遮风挡雨的屋顶，以及我们用动物皮把自己包裹起来以与寒冷的气候对抗，力求生存。但是，随着某些科技发展到登峰造极的地步，它们已经改变了我们的环境。最终，我们的新环境也将改变人性。

现在我们对科技金字塔有了清晰的整体认知，一个简单但重要的问题因而出现了：为什么这么多的科技发明在金字塔的中部停滞不前，从未到达顶端？最明显的答案是，根据定义，登顶自有难处。上升到金字塔的顶端需要运气和时间。但是,我们对金字塔上层有限的认识在这中间是否也起到了一定影响呢? 毕竟,普通民众并不是唯一对科技发展持天真或至少说较为局限性的观点的人群。许多专业人士试图通过科技创新改善我们的生活——无论是发明家、工程师、远见卓识者、设计师还是企业家——他们都过分关注金字塔的底层。这里有一个有说服力的例子:美国国家航空航天局和欧盟用来评估特定科技成熟度的科技就绪指数模型,将最高级别的准备就绪定义为在该领域的成功应用。这个标准与科技金字塔的第三层次相当,展现出了一个有局限性的视角。一个创新项目是否在科技发明被构思、生产和使用之后就完成了? 难道社会、政治和文化对该科技发明的认可、必要性和无形性起不了作用吗?

任何在创新和科技领域工作的专业人士都可能会问自己:我在金字塔的哪个层次上最活跃? 一旦你弄清楚了你在科技金字塔中的哪一层次提供了价值,你可能就会问:我知道哪些在不同层次上工作的人? 我该如何与他们合作,以便让我们的工作更具创新性?

我想强调的是,这个建议有点过于简单化了,因为大多数科技专业人士不会把自己局限在金字塔的单一层次上。不过,令人惊讶的是,很少有人关注金字塔的上层。如果有更多的专家积极参与顶层的工作,是否会使科技发明更容易接近这个层次? 事实上,让更多的科技发明达到科技金字塔的顶层是否是可取的呢? 简短的回答是:此举可取,但行动需要谨小慎微。处于金字塔中间层的科技发明可能会改善我们的生活,但它们对我们有依赖性,仍然需要我们的关注。那些在顶端的科技发明在人类无意识的层面上运作,是我们人类本性的一部分。这使得这些科技发明变得极其强大,同时也极其危险。一个类比可以帮助我们理解其中的原因。

3. 把科技比作孩童

如果我们把科技当成孩童,底层的科技就像婴儿一样嗷嗷待哺。中间层的那些更像蹒跚学步的孩子,需要不间断的照顾。它们可以表现得很迷人、令人兴奋、令人愉快,但也可以令人讨厌。它们没有顶层的科技那么成熟,相比之下,顶层的科技更像是已成年的朋友和伴侣。想象一下,如果我们生活中的每一项科技发明都在顶层的水平上运作,那该有多好。我们将拥有百分之百清洁、安全的能源,快速、安静、没有堵塞的交通,打印出来的高级烹饪食品,有心灵感应的语音接口,等等。生活将是美好的。但是这里有一些细节:我们承认的最高层次的科技并不是中性的。它们改变了我们的身份,最终成为我们的一部分。它们的品质并不总是与我们人类的倾向一致。钟表就是一个很好的例子。钟表的发明使我们能够以比一年、一月和一日的自然单位更短的间隔来测量时间。这有助于我们更精确地制订计划,但也使我们习惯于一种机械化的生活方式,形成了以打卡钟来明确划分工作与休闲之间的界限的新方式。任何一个曾经被闹钟铃声吵醒的人都知道被机器控制是什么感觉。时钟带来了一种新形式的压力,将人们与此时此地的概念分离开。关于农业也可以提出类似的论点。有些人说它减少了人类饮食的多样性,狩猎采集者吃的是坚果、水果和蜗牛,偶尔会有更大的猎物,可是一个农民种植的作物种类是有限的。有人说农业使人类的骨骼结构变弱,增加了我们感染传染病的机会。不过要证实这些说法很困难,而且这些说法也不太可能被证实,采用温和一点的说法,我们很难想象如果没有农业,今天的世界会是什么样子。

　　将新兴科技与正在成长的孩子这一类比往前更进一步,在看到一项新科技后,我们可能会问自己是否想在它长大后与之"结婚"——或者更确切地说,我们是否想让我们的孩子与之"结婚"。尽管这个观点看起来很荒谬,但我们可以把人类的远古祖先——他们在几个世纪前见证了服装、农业和货币等早期科技发明的出现——想象成已经认可了我们与这些科技结合的家长。我们从来没有选择的余地,我们出生在一个服装、农业和货币已经存在的世界。我们的祖先把我们"嫁"给了这些科技发明,与之"离婚"将是十分困难且痛苦的过程。所以我们需要谨慎决定哪些科技发明应该进入金字塔的上层。因为它们不仅会对我们的生活产生巨大的影响,而且很可能也会给我们后代的生活带来不可忽视的影响。

　　创新专业人士在金字塔上层的科技上缺乏投入,这是我们正在错失的机会。我们没有充分利用科技,而是满足于半生不熟的解决方案。我们设想出了心灵感应,却满足于使用手机。我们梦想像鸟儿一样飞翔,却被困在拥挤的机场。我们要是敢于追求自己的梦想,充分利用科技的潜力就好了,我们可以做得更好。

我希望科技金字塔这个模型能够帮助我们更好地理解科技的发展。我们可以为每一项新的科技发明绘制一条通向金字塔顶层的潜在道路。我们可以通过一系列提问来做到这一点：这种创新是否有可能成为顶层科技？我们需要做什么才能达到这个目标？它将如何成熟？它将如何扩大我们的选择范围？它将如何扩展我们的感官？它将如何与人类的直觉产生共鸣？它将如何改变我们？它会使整个人类受益吗？它会带来什么样的危险？我们可能得到什么，可能失去什么？它将实现什么梦想？答案并不总是那么简单。但是它们会引起争论，并且有希望在我们与科技共同进化的过程中为我们提供一些筹码。

如果我们决心创造有潜力达到金字塔顶层的科技发明，那么科技发展将有一个明确的、向前推进的目标。我自己就会率先承认这并不容易。我们会遇到各种障碍和陷阱。我们不可能第一次就把事情做对。但是，至少我们可以清楚地知道我们想去哪里——不是退回旧的自然，而是迈向下一代自然。

正如我们在这一章中看到的，真正先进的科技无法与自然区分开来。[①] 但这还不是全部。在本书的第三部分，我们将看到科技是如何培育出更高水平的进化复杂性的：在这个水平上，基于模因而不是基因的全新生物将发挥主导作用。

---

① 这是对科幻小说作家亚瑟·查理斯·克拉克的著名定律的改编：任何足够先进的技术都无法与魔法区分开来。

第三部分　进化永不止步

当我们想到进化时，我们想到的是拥有最好的基因的物种的适者生存。在本书的这一部分，我们将看到进化本身也在进化。多亏了人类，进化突破了基因生物的领域，并开始发生在通过信息传递运作的模因生物中。这一部分的内容将说明我们是如何促成进化之进化的。

第六章　优势种

如果外星人来到地球寻找地球上最重要的生命形式,当外星人犯下了试图接近一辆汽车这种错误时,我们不应该感到惊讶。从太空中看,汽车似乎是地球上的优势种,它们的身影遍布每一个大洲。对于一个不知情的、不带偏见的外星游客来说,任何一座现代化的城市——其巨大的规模和复杂的结构是任何珊瑚礁都无法企及的——似乎都是为汽车而建造的。就像蜂房里的工蜂一样,油轮、船只、钻井设施和其他类似汽车的生物从地下提取石油来供养汽车。从外星人的角度来看,汽车内部的人类这一生物只不过是每天必须通过吃饭和睡觉来充电的可更换电池。

当然,我们更了解地球的现状。汽车不是一种自主的生命形式,而是一项为人类服务的科技发明。当我们谈论生命时,我们通常用这样的表达来指代生物:基于 DNA、基因和碳水化合物的实体。从人类生物学的角度来看,可以理解这种"碳沙文主义",但这个观点越来越需要我们去怀疑和反思。在本书的这一部分，我们将探索进化如何在其他媒介中发生，以及人类的存在如何催化了从基因到模因的飞跃。不过，我们先来谈谈关于优势种的一些初步想法。

我们很自然地认为人类是地球上的优势种。白蚁、藻类和真菌显然比人类造成的影响小得多。汽车会成为我们的竞争者吗？也不尽然。汽车是死的，它是静止的东西，不能生长或繁殖。也许它们是生物的造物，但它们不是活的。就像蜗牛长出壳来生活一样，人们制造汽车是为了出行。那些外星人真笨，居然没有意识到这一点。那么，这样想就好了，对吗？在此刻得出结论还为时过早。有些汽车是由跨国公司生产的，如丰田、大众、通用汽车等。如果我们广义地定义"生物"，一家公司是否有资格列入其中呢？我们有理由这样划分。公司可以通过增加销售额和利润来"长大"，也可以通过破产而"死亡"。它们通过与其他公司合并，并通过创建部门和子公司来"繁衍"后代，而这些部门和子公司最终必须在公司丛林中独立生存。

"公司"（corporation）这个单词来源于拉丁词语"corpus"，意为身体。正如我们的身体是由个体细胞组成的，这些细胞在更高的层面上紧密合作，公司也是由人类个体组成的。一家公司可以从不同的国家招聘几十到几千名员工。一些跨国公司的规模发展得极大，它们的收入甚至超过了一些中等规模的国家的总体收入。

尽管目前世界主要经济体仍是国家，2016 年排名前七的是美国、中国、日本、德国、英国、法国和印度，总部位于美国的零售商沃尔玛在 2016 年跻身前十。作为世界上最大的经济体，美国同年的政府收入为 3.3 万亿美元。沃尔玛的收入是 4850 亿美元，超过了西班牙的 4740 亿美元。

其他进入前25名的公司包括壳牌、埃克森美孚和中国石油,汽车制造商丰田和大众,以及科技巨头苹果和亚马逊等。2016年,这些公司的收入超过了瑞士、挪威甚至俄罗斯。

1. 公司丛林

如果我们必须给地球上的优势种命名,那么,它真的会是人类吗?许多其他物种都在地球这个舞台上扮演着重要角色。细菌、昆虫和藻类群体有它们自己的动态和规划,这些动态和规划并不完全符合人类的利益——科技系统也是如此。是否有这种可能,公司也是适者生存的进化的一部分,就像人类、动物、植物、微生物和细胞一样?我将在稍后更深入地探讨这个观点,我会说明,进化复杂性的新水平正在发展——这种发展不是基于基因,而是通过模因交换信息。目前,我们只要说公司丛林中的生活正在蓬勃发展就足够了。

你知道目前标准普尔500强公司的平均寿命只有18年吗?在1980年其平均寿命是25年,1958年其平均寿命是61年。据预测,在未来10年左右,这一平均寿命将继续下降到12年。在不到一个世纪的时间里,公司寿命缩短了80%以上。就像任何活着的生物一样,公司也想要生存——它尽可能为人类服务,但是如果必要,也会牺牲人类以谋求自己的生存。公司有自己的新陈代谢系统。公司不像我们以面包、大米、肉类、鱼类和蔬菜等为生,而是消耗煤炭、石油、塑料、大豆、钢铁和电力等,具体消耗什么取决于公司所在的行业类型。这些成分通过组成工厂、配送中心、仓库和办公室等系统,最终被转换成货币,并在公司的损益表上以冷冰冰的数字形式呈现。

2. 人造新物种

2003 年，马克·阿克巴(Mark Achbar)和詹妮弗·阿博特(Jennifer Abbott)执导了广受关注的纪录片《大企业》(*The Corporation*)。他们和影片编剧乔尔·巴坎(Joel Bakan)一起发现，法律竟然把公司当作"人"来对待，这个事实让他们感到惊讶。这项研究从一个简单的问题开始：如果公司是人，那么它们是什么样的人？制片人一步一步地对公司进行性格测试，被测试者包括现已倒闭的安然能源公司。测试结果令人不安：这些公司具有精神病患者的所有特征。它们表面上魅力非凡，但没有真正的同情心和感情温度。它们对周围的人缺乏社会敏感性，把人类当作达成目标的手段。在它们所有的交易中，它们自己的利益是最重要的。它们善于操纵，喜欢欺骗，毫无道德。

为了说明这个观点，我可以列举一个香烟制造商的案例，它兜售一种不健康的产品，并导致人们上瘾。或者也可以用"社交"媒体公司做例子，它提供"免费"服务，但其用户本身才是真正的产品。但是，为了避免这些陈词滥调，让我们以一家上市保险公司为例吧。这里不会提到任何真实的公司名称。

保险最初的设想是出于一种社会动机，即希望集体共同承担个人无法应对的巨大灾难。如果你意外地患上了不治之症，失去了工作能力，把所有积蓄都花在了医院账单上，你的整个家庭都会陷入困境。意外的残疾可能发生在任何人身上。人们通过组建保险公司共同承担个人风险，这种理念是很好的社会创新。这意味着我们都可以帮助照顾那些遭受严重疾病或其他灾难的不幸的人。事情如果停在这里就没有问题了。但是,当一家保险公司变得庞大,导致其他机制(如利润最大化和股东利益)占了上风时,事情就开始变得糟糕。

在某种程度上,保险公司放弃了它最初存在的理由——集体保护个人免受任意的灾难——转而专注于促进自身的福祉和发展。在人们还没有意识到的时候,保险行业就开始拒绝那些赔偿风险较高的人。保险公司可能在其政策中加入细则,以确保在许多情况下不必支付赔偿,这给那些自以为受到保护的弱势群体带来了悲剧性的后果,灾难来临的时候,他们才发现自己的保险毫无用处。保险公司也可能会把保险卖给不需要的人。当然,这些做法对保险公司非常有利,但对消费者没有好处。尽管保险公司的发明是出于好意,但我们无意中创造了一个怪物。我在这里使用"怪物"这个词不仅仅是一个比喻:我相信我们真正在谈论的是一个活的生物体,它有自己的需求,有自己的新陈代谢规律,并且会对我们所生活的世界产生影响。

3. 组织还是生物体？

许多人对把公司和政府等组织视为生物体的想法感到不安。一家公司是由决定其发展方向的人来经营的。保险公司的董事们有道德义务确保人的价值优先于公司的利润目标。我们不应该试图把责任转移到一个抽象的有机体的自然动态上。诚然，道德是一种需要培养的人类特有的品质，因为它将我们与大自然冷漠无情的那一面区分开来，如狮子吃羚羊、火山喷发出熔岩、陨石撞击行星等。但是，我们不要天真地认为跨国公司的董事们可以随心所欲做出道德选择。如果一家上市公司的董事们开始做出不利于利润最大化和业务增长的决定，股东们很快就会投反对票。如果董事们不按照股东们的利益行事，这些董事将很快被取代。事实上，董事只不过是大公司机器上的一个齿轮。

请不要误会我的意思。我知道一些公司有令人钦佩的董事们，他们会努力制定人性化的运营路线，不允许股东们一手遮天。我只是想指出，在与人类目标相冲突的业务中，公司的需求可能会被排在人类的需求前面。许多为大公司工作过的人都知道，没人希望发生的事情总会发生。我并不是说，我们只要允许公司不受约束地生长和扩散就好了。当然不是这个意思。正如在第二章中所讨论的那样，像我们彻底驯化了原始自然环境一样，在下一代自然中，我们将不得不驯服公司这一生物体。

公司和组织能催生出自己的需求和新陈代谢循环，这可能是一个令人不舒服的想法。不过，这样的观点使我们谦卑，并提醒我们，人类对周围环境的控制并没有扩展到我们想象的那么深远。有了科学技术，我们可以对生物学进行彻底的干预。我们可以种植色彩艳丽的花朵,培育动物让它们产出更多的奶,我们还可以利用微生物将农业废弃物转化为燃料。但与此同时,我们对自己创造的组织结构几乎没有控制权。

作为一名当代哲学家,我现在似乎有了新的发现,但实际上,我只是在刷新人类种族的古老记忆。组织与生物之间的联系在几个世纪以来一直被公众认可。它的字面意思已经嵌入我们的语言当中:单词"组织"(organization)和"生物"(organism)都来源于希腊语中的 organon(οργανον),意思是设备、工具或器官。

器官可以完成特定的任务或功能。人体包含各种各样的器官,如心脏、肺、大脑等。公司分为不同的部门,或者说不同的"器官",如研究部门、生产部门、销售部门、分销部门、客服部门等。生物和组织都是器官的集合体。对于将公司视为生物体的想法,唯一有效的反对意见是,它们没有基因,没有 DNA。这是真的。然而,公司有没有可能代表了一种新的生物体呢?

4. 碳沙文主义

一旦你跨越了人类的碳沙文主义,敞开心扉接受"公司是地球上一种新型的生物体"的观点,你就会明白为什么我们似乎无法解决砍伐森林和气候变化等环境问题。公司不用呼吸新鲜空气。烟囱排放的废气实际上增加了公司的收入,促进了公司的新陈代谢。

在很长一段时间里,我不明白为什么我们能在 20 世纪 80 年代设法减少冰箱和喷雾罐中使用的氯氟化碳气体的排放,诚然,这些气体造成了臭氧层的空洞,但是我们现在却对减少使地球升温的二氧化碳排放一事有些无动于衷。答案是什么呢？化工巨头杜邦公司,作为当时最大的氯氟碳化物生产商之一,看到了向低污染气体过渡模式里的商机。替换氯氟碳化物意味着新的专利、新的产品、新的收入。同样,从白炽灯转向节能 LED 灯的过程对地球和商业都有好处。不幸的是,目前还没有找到相应的减少二氧化碳排放的商业模式,因此公司对解决这个问题的积极性没有那么高。

公司统治着地球。它们聚在一起,构成了一个复杂的、相互作用的生态系统,不仅从根本上改变了地球的面貌,而且还主宰了这个星球。我们是否看到了这样的场景:作为新生的寄生性非基因物种,公司将人类封装在一个超级生命体结构中,并以人类的损失为代价,一路向上攀爬到食物链的顶端。这个结论影响深远,而且有些愤世嫉俗。公司也为我们做了很多好事。公司为我们供给食物,让我们保持健康,给我们提供娱乐,让我们一整天都有事可做。我是最不可能宣称没有公司世界会更好的人。没有了公司,我们的生活不会变得更好。

如果我们把公司看作是一项科技发明——人类智慧的体现——并把它放在第五章介绍的科技金字塔上,那么它就属于不可或缺的层次,甚至是无形的层次。在我们这个现代化的社会中,我们拥有汽车、超市和水处理厂等现代化设施,所有这些设施的正常运行都离不开开发和提供这些产品和服务的公司。如果我们挥动魔棒,让地球上的所有公司全部消失,我们的日常生活就会受到影响,人们就会立即开始组织新的公司。公司是社会的一项重要创新,如果没有公司,人类社会就会产生危机。尽管如此,如果我们足够明智,我们还是应该多加小心,确保人类与公司的关系保持共生,让公司服务于人类,或者至少是互惠互利的。当公司开始寄生在人类身上时,一定有什么地方出了大问题。

我猜测你可能会提出反对意见,因为公司是由人组成的。应该是公司的职员,而不是公司本身决定其行为准则。没错,但正如公司是由人组成的一样,人也是由数十亿个活细胞组成的。因此,我们能否得出这样的结论:人类只不过是这些细胞的容器? 不是这样的。虽然每个单独的细胞有一定的影响,但是它并不能决定更大的生物体的整体行为,就像不会存在只由一片雪花引起的暴风雪一样。生命存在于不同的层次。生命可以容纳生命。从自然的角度来看,公司对人的包容性并没有什么特别之处。自然的进化总是建立在先前已达到的复杂程度之上。物质基础之上形成了生物体,生物体之上形成了意识,意识认知之上形成了计算系统。我将在第九章中进一步阐述进化之进化。

5. 稳定生命体的生存

为了理解公司作为一种新型生物体是如何进化的,我们首先需要以一种比通常更广泛的方式来研究达尔文的进化论。关于"适者生存"的著名概念实际上是一个更普遍定律的具体实例:稳定生命体的生存。这个世界充满了稳定的事物。一个细胞比同一分子的随机集合更稳定。一个多细胞生物,比如说,一颗西兰花,比起将蔬菜切碎做成菜汤的同样的细胞集合要稳定得多。这些细胞进化成了西兰花而不是菜汤,因为西兰花的结构使它们更加稳定。它们在菜汤的形式下几乎不能得以支撑,因为它们很快就会被吃掉,然后分解成原本组成它们的分子和原子。

同样,我们可以很容易地看出,一家公司比一群松散的人更稳定。任何生物或技术实体都具有一定程度的稳定性,这决定了它们的生存机会。其他形式的合作也是如此,比如家庭和国家。当人们把自己组织在一个更大的结构中时,它创造了一个稳定的环境,有助于群体的生存。按照自然法则,稳定的事物可以存活下来,这不仅适用于细菌、真菌和人类,也适用于公司。这些超级生命体结构产生了一种进化优势,对组成它们的各个部分都有利。在公司的情况下,这意味着对雇员、股东,如果有可能,也包括对其顾客有利。

像西兰花和其他生物一样,公司也是进化的一部分,而进化关乎稳定物种的生存。但是,正如我们讨论的那样,这两者之间有一个重要的区别:公司不是基于 DNA、基因或者碳水化合物的物种。因此,把公司当作一种新的生物体来研究就超出了传统生物学的范围。不过,这并不意味着公司丛林本身不受与热带稀树草原同等的进化的自然法则的支配。那么,下一个几乎不可避免的问题是:我们能否确定一个类似于编码这些新的非遗传生物体的基因的进化单位?

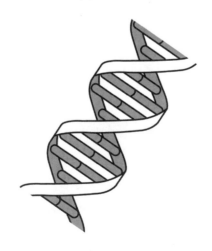

6. 从基因到模因

当我们想到进化时,我们倾向于想到一个长期发展的特定过程。"进化"(evolution)这个词来源于拉丁语动词 evolvere,字面意思是"展开"或"铺展"。在日常用语中,"进化"被相当宽泛地用来表示"改变",生物学家对它的定义则更为严格。生物进化发生在物种的遗传物质的突变中。这个过程不会发生在单一的植物或动物身上,而是发生在几个世代的物种身上:适者生存,它们的遗传物质比不适者传播得更好。通过自然选择的过程,物种进化了。仅仅一代之间的差异很小,但是,如果你有足够的耐心等待几百万年,你或许可以看到鱼类进化成恐龙。

进化的核心单位是基因,基因是一种 DNA 分子,它包含了我们细胞的遗传物质,并决定了细胞的行为。基因小于 1 微米①,几乎无法观察到。不到一个世纪前,科学家们才证明了它们的存在。然而,基因已经存在了数十亿年,它们决定了我们的行为。其对地球上的生命的影响无论怎么夸大都不为过。在生物学家理查德·道金斯(Richard Dawkins)的经典著作《自私的基因》中,他提出这样的观点,支配地球上的生命的是基因,而不是人类。

他认为基因不仅调节细胞的生命,而且间接地调节多细胞生物的行为——这种观点使道金斯闻名于世。他的观点令人信服,每一个细胞、真菌、植物,以及人类和其他动物实际上都是所有细胞中携带的基因的生存机器。母鸡爱自己的蛋,父亲爱自己的儿子、女儿,间接地爱自己的侄孙

---

①　1 微米＝1×10^{-6}米。——译者注

和侄孙女,这可以解释为他们的基因需要自我繁殖。地球上的优势种不是人类、藻类或细菌,是基因!

这对我们之前提到的新型公司意味着什么? 它们是否也像藻类、细菌、鸡和人一样,间接受基因控制? 你可以争辩说,公司董事的决定源于基因决定的行为,而这些行为最终推动了公司的行动。但道金斯不这么认为。在他开创性的著作的最后几章中,他提出了一个新颖的观点:进化不仅通过基因发生,也通过模因发生。他将模因描述为文化传播的单位,类似于生物进化中的基因。

对于大众来说,模因是一种通过社交媒体在互联网上流传的具有挑衅性的图片、口号或视频等。学术界将模因定义为一种具有传染性的信息模式。随着时间的推移,模因的行为方式与基因在进化过程中的行为方式大致相同:它们可以通过自我复制来传播,它们可以变异和结合,如果它们的受欢迎程度下降,它们可以消亡或休眠。模因可以是事实、想法、语言、旋律、道德或美学价值、设计、技能或其他任何可以学习并传递给他人的东西。

我们在这里应该强调的是,一个模因的传播并不能说明其价值或者质量。高度成功的模因可能包含可疑甚至明显不正确的信息。想想世界上有些宗教的那些难以置信的寓言以及那些伪科学的断言和都市神话,它们一再被证明是不真实的,但仍在继续传播。一些模因虽然被大多数人拒绝(种族歧视、性别歧视),但仍然大行其道。道金斯说,模因就像基因一样,可以相互合作。模因可以凝聚成"模因复合体",而"模因复合体"又可以形成模因神经网络。

模因的特别之处在于,它们与基因生物无关。它们可以在除了碳水化合物以外的任何介质中工作。这些介质可能是声音记录、印刷品、电子信号传输或光通信等。真正重要的是动态过程,这个过程使得模因能够进入到由神经系统控制的环境中。模因具有在由碳水化合物构成的多细胞生物以外的介质中运作的能力,这一点绝对是独特的。

模因代表了进化的新阶段吗?我们是否正在见证一种超越基因进化的稳定生命体所具备的新的组织原则的崛起?像公司这样复杂的组织是否正在发展成为一个新的优势种?如果是这样,这对人类的未来意味着什么?后文中我将回答这些问题。首先,让我们来看看它对地球的影响。

第七章　塑料星球

　　庭院家具、玩具、一次性刀叉……当我们想到塑料的时候，我们倾向于想到便宜并且劣质的商品。就当是做个实验吧，假设塑料是一种极其稀有的材料，价值等同于黄金或铂金，任何用它制成的东西都非常昂贵。终其一生，你仅仅能看到或者持有寥寥几件塑料制品。为了达到实验目的，尽可能真实地想象塑料是一种只有超级富豪才能得到的稀有材料，普通大众生活在一个充满木材、陶器和金属的世界里。

　　准备好了吗？好的。现在看看你周围，抓住你看到的第一个塑料物品。看着它、感受它、审视它。可能是杯子、打火机、钢笔、塑料袋……任何东西。这是一个特殊的时刻。你手里拿着的是为数不多的精美物品之一，可以感受一下，它是多么耐用，相对于其体积它是多么轻便。还有，它是多么坚固而又柔韧。注意它的外形的精确度，以及塑料材料轻易达到的可塑性。如果塑料生产没有普及，其造价不是现在这么便宜，也许我们会更加意识到它是一种多么美妙的材料，我们扔掉这么多的塑料是多么不光彩的事情。

"塑料"这个词来源于希腊语中的"可塑性"(plastikos),意思是这种材料可以形成人们想要的任何形状。塑料是材料中的变色龙。在现代合成塑料生产开始之前,动物的角和天然树胶乳被用作塑料的原型。胶木是第一种完全合成的聚合物,发明于 1907 年,后来被用于无线电外壳、电话、钟表和台球等。第二次世界大战后,化学品生产工艺的改进带来了新型塑料的爆炸式增长,其中包括聚丙烯和聚乙烯,这些材料在商业上被广泛用于各种产品,包括从咖啡杯和洗发水瓶到袋子、眼镜架等。

1. 塑料海洋

合成塑料的制造始于一个多世纪以前,考虑到这些材料对我们的日常生活和地球生态系统的巨大影响,这个时间并不算长。1997 年,在一场帆船比赛结束后,帆船运动员查尔斯·穆尔(Charles Moore)从夏威夷回到加利福尼亚的家中,他决定沿着北太平洋副热带环流的边缘走一条捷径,这是水手们经常避开的地方。进入这个地区后,他看到一大片漂浮的碎片。在他穿越环流的一周里,到处都是塑料:瓶盖、牙刷、袋子、杯子和许多无法辨认的东西。穆尔意识到了问题的严重性。两年后,他带着一张细孔网回到这个地区,发现水面下漂浮着五颜六色的塑料颗粒,就像鱼的食物一样。穆尔发现了现在被称为"大太平洋垃圾带"的地方,这片北太平洋海域的面积比法国或美国得克萨斯州还要大,含有异常高浓度的海洋垃圾。

虽然我们知道塑料需要几个世纪才能分解,但我们并没有重视这一点。塑料的生产成本很低,被我们随意丢弃,就好像它们能够蒸发成稀薄的空气一样。因为塑料是地球生态系统中一种相对较新的元素,目前还没有微生物进化出能够分解塑料的能力。塑料最终会被光降解,这意味着阳光会导致其聚合物链分解成更小的碎片。这个过程是由摩擦力催化的,例如,当塑料制品被吹过海滩或者在海浪中翻滚时,它们的降解过程会加速。同样的过程也有助于海浪使岩石变圆。这种类型的侵蚀是造成太平洋中心广阔的塑料汤中大部分塑料变成无法辨认的碎片的原因。

穆尔的研究发现,该地区的塑料含量是浮游生物的 6 倍。联合国的一项研究统计,约 80% 的废弃物最初是被丢弃在陆地上的。风把塑料从垃圾填埋场吹出来,吹到街上。它进入河流和暴雨排水沟,然后出海,最终进入洋流。穆尔发现的大太平洋垃圾带并不是唯一的一个垃圾带。可以说,在我们的星球上,所有洋流中都有打旋的碎片。

2. 美人鱼的眼泪

在我们生活中,几乎所有的塑料制品都是从机器制造的原始塑料颗粒开始的,它们在工业上被称为塑料球。塑料球是由石油制成的,通常不到 0.2 英寸宽,是最经济的运输大量塑料原料的方式。每年有超过 2500 亿磅的塑料球被运用到工业中,这些塑料球被加热、拉伸然后铸造成我们熟悉的塑料产品和包装。它们体积小,重量轻,容易被风卷起,并具有极好的浮力。大多数最终落入海洋的塑料球都是从卡车和集装箱船上漏出来的。塑料球的体积很小,这意味着它们可以轻易"逃走",进入河流或直接进入海洋中。我们几乎可以在世界上任何一个海滩上找到塑料球，因此，它们有了一个绰号——"美人鱼的眼泪"。现在已经没有原始的沙滩了。任何看起来未经人类破坏的海滩几乎都被修整过——具有讽刺意味的是，现在需要人为干预来创造一种原生自然的幻觉——如果你仔细观察，你总会发现一些塑料碎片被潮水冲上来。所有这些塑料的出现时间都还不到一个世纪。这就好像塑料在某一天降临到这个世界上，一开始微不足道，后来影响就不断扩大。"美人鱼的眼泪"会对海洋和生态系统产生什么样的长期影响是很难预测的。我们知道塑料可以持续几个世纪不降解，但是它是否能坚持到足以进入化石记录的时间？数百万年以后，地质学家会发掘出我们庭院家具的化石痕迹吗？如果到那时还有地质学家的话，他们很有可能会这么做。塑料已经成为地球食物链的一部分，但不幸的是，食物链中没有任何一种生物能够消化它。不过，它最终还是进入了从鱼类到乌龟和信天翁等动物的胃中。根据联合国环境规划署（United Nations Environment Programme，UNEP）的统计数据，每年有约100万只海鸟和10万只海洋哺乳动物和海龟死于塑料制品。这些数字还没有包括被丢弃的渔网杀死的动物。塑料还会卡在动物的喉咙和消化道里，导致致命的便秘。

人们不禁要问，如果达尔文看到这些死去的信天翁幼鸟的照片，他会怎么想呢？这些幼鸟的胃里装满了从海里捡来的塑料垃圾，因为它们的父母误把这些塑料垃圾当成了食物喂给它们。现在我们知道，进化永远不会停止，新的生态系统会渗透到现有的生态系统中，并最终取而代之。但是，我们准备好迎接一个塑料星球了吗？

虽然我们可以收集和清除较大的塑料碎片，但要从海洋中清除所有的塑料微粒是不可能的。大多数清理项目集中在捕捞较大的塑料、整理海滩和减少最终流入海洋的塑料垃圾数量。显然，我们需要通过提高对塑料的影响的认识来改变我们的行为，限制一次性塑料制品的使用，并生产更多的可生物降解塑料。这是我们可以做到的，也是我们必须做到的。但这并不能扭转已经造成的破坏。即使我们今天停止所有的塑料产品的生产，"美人鱼的眼泪"仍将继续折磨海洋生物数年，其危害可能延续数百年。塑料是地球生态系统中的一种新材料，是我们把它带进了日常生活中。

3. 人类世

越来越多的地质学家认为，地球历史的当前阶段将作为人类世时期而被铭记：这个地质时期的标志在于人类活动对地球生态系统的影响。塑料是我们送给地球的有毒礼物。我们从地下提取石油，把它们变成塑料，然后把它们倒回海洋。具有讽刺意味的是，像今天的塑料一样，石油曾经也被视为垃圾。直到人们发现石油可以用作燃料，才开始将它们从地层中抽上来。谁知道呢，也许在遥远的未来，其他的生物或智能物种将会把塑料视为一种有价值的资源，并开始挖掘它们，甚至以它们为食，就像石油之于我们。可是，在此之前，有多少海洋生物将会因此死亡呢？

一旦我们开始将塑料视为地球生态系统中的一种新材料，我们立刻就会明白，塑料的问题在于没有生物能消耗它们。这是一种新的材料，还没有进化出与之抗衡的生物。也许未来某些微生物的新陈代谢可以消化塑料，这些微生物可以以海洋中的大量塑料为食。对于这种微生物来说，周围有大量的食物，所以进化的机会无处不在。然而，进化是缓慢的。一种可以消化塑料的微生物可能需要几百万年才能进化出来。但是我们为什么要苦苦等待进化呢？

4. 食用塑料的微生物

2008年，16岁的高中生丹尼尔·伯德（Daniel Burd）发明了一种利用微生物分解塑料的方法。显然，连顶尖的科学家都没有想到这个办法。虽然塑料是最难降解的物质之一，但是它们最终还是会被分解的。这意味着一定有生物能够分解它们。丹尼尔决定在垃圾填埋场培养微生物，看看是否可以优化它们，使它们工作得更好、更快。他通过将未加工的塑料浸泡在促进微生物生长的酵母溶液中来验证他的想法。然后，他选择了最具生产力和表现最好的微生物，并诱导其加速进化。最初的结果是令人鼓舞的，所以他继续选择最有效的品种，并允许它们进行杂交。经过6个星期的系统改善和温度优化，他成功地降解了43%的塑料。丹尼尔在加拿大全国科学展览会上提交了他的成果，并获得了一等奖。2009年，一个16岁的中国台湾女孩发现了一种能够分解聚苯乙烯泡沫塑料的微生物。目前一切顺利，这是否代表我们会走向绝对的好结局？不幸的是，事情并非如此。

培育微生物来吃掉海洋中的塑料，一开始可能听起来是一个很好的解决方案，但是把它们释放到环境中则需要三思。塑料的主要优点之一——也是我们使用这么多塑料的原因之一——是其对生物降解的抵抗力。它在医院、交通、厨房和工业设施中被用作耐用材料。食用塑料的微生物不仅会吃掉海洋中的垃圾，还会吃掉其他地方的塑料。微生物攻击庭院家具的风险似乎是可以接受的，但是如果它们进了医院，事情就会变得非常棘手。在精心消毒的医院环境中，吞噬塑料的微生物的攻击可能会释放出危险的药物、病毒和其他物质。再想象一下，一群食用塑料的微生物可能对电缆外层造成的破坏：这可能真的会破坏我们的通信网络。

我们正面临一个两难的局面。我们把一种新的物质引入地球的生态系统中，这种物质破坏了生态系统的平衡，其后果就像一颗巨大的流星撞击地球一样严重。如果我们什么都不做，海洋动物在未来的许多年里将继续遭受痛苦。但是让食用塑料的微生物来清理我们的垃圾，不会像按下撤销按钮让事情回到原来的样子那么简单。无论如何，都会产生预想不到的新后果。副作用总是在所难免的。大自然和我们协同进化，而由人类创造的人类世可能会变得和我们进化过程中的原始自然环境一样野蛮和不可预测。然而，我们有责任找到一条向前的道路，这条道路不仅人类觉得满意，而且对其他物种和整个地球都是有益的。我们需要探索所有的选择引发的可能性，包括食用塑料的微生物。

第八章　人类世大爆发

　　人们最近发现,亚马孙雨林并不像我们想象的那样毫无人类痕迹。在哥伦布"发现"新大陆之前的几千年,这里的原住民通过种植可以结出可食用果实的树木和植物来改变周围的环境。研究人员发现,在很久以前的人类居住区,这些物种的数量仍在不成比例地增长。这片原本被认为未被触及的自然天堂原来是一座由古代人打理过的超级人工花园,他们喜欢在居住区种植可可、巴西坚果和阿萨伊浆果,就像现代人乐于在小区附近发现一个库存充足的超市一样。

　　雨林不再是未遭破坏的原生自然,这一点为其原本已经破败不堪的、古老浪漫的自然形象增添了一抹新的痕迹。从生物学的角度来看,工业革命前的人们像现代人一样改变了他们的环境,并在这个过程中引起了生态变化,这并不奇怪。每个物种都会影响周围的环境。地球景观有着令人惊叹的美丽和复杂性,这不仅仅是地质和气候引发的偶然事件,还是数十亿年来成千上万种不同的物种在地球上放牧、挖掘、砍伐和堆肥而产生的结果。地球表面的地震、火山和潮汐，以及生物圈中的微生物、真菌、植物和动物等，共同决定了地球的外貌。

　　某些生物比其他生物进化得更成功，并最终完全取代了另一种生物，这是很寻常的事情。举一个众所周知的例子，南北美洲生物大迁徙，在这场迁徙中，物种之间的竞争导致一些物种快速的大规模灭绝。300万年前，火山活动致使巴拿马地峡成形，使得哺乳动物、鸟类、爬行动物和两栖动物从北美迁徙到南美，在那里，它们压制了许多原生物种。人类并未参与其中：这是大自然一手造成的。

　　值得注意的是，与其他物种相比，人类适应环境的速度令人瞠目结舌。从声呐、飞行到疾病免疫，人类可以在一代人的时间内获得新的能力，而这些能力在传统的进化过程中需要数百万年才能获得。在此过程中，我们是通过技术创新来增加我们与生俱来的先天能力的。从表面上看，这可能看起来像是与大自然的决裂，但其他动物也利用自己的创造力来改变周围环境。鸟儿筑巢，海狸筑坝，蜘蛛织网，蜗牛生壳，白蚁建造的"建筑"结构堪比摩天大楼。正如蜗牛的壳是它的本性的一部分；蜘蛛的网是它的本性的一部分；人类天生就是技术型动物，以创造性的方式改变我们周围的环境也是我们本性的一部分。动物操纵环境本身并不罕见，但没有其他物种有人类这样大的操纵力度。

1. 灾难性的错配

　　正如我们在上一章中提到的，地质学家将地球历史上的现阶段定义为人类世时期：一个反映了人类活动对地球生态系统的全球影响的跨越性时期。人类世的特点是，在自然造物和人类造物之间，在生物圈和科技圈之间,存在着灾难性的错配。人类发起的科技进化的速度与适应地球上现有生物物种的相对缓慢的遗传能力形成了鲜明的对比。这一错配后患无穷。现有物种正在大规模地灭绝。生态正在以这些濒危动物无法跟上的速度发生变化。达尔文知道,幸存下来的物种并不是最强壮、最聪明的,而是那些最能适应环境的物种,这本身并不新鲜。人类世不过是一系列以大规模物种灭绝为标志的地质阶段之一。尽管大规模物种灭绝是绝对的悲剧,但它并不是第一次在地球上发生了。研究人员一致认为,这是地球 45 亿年历史中的第六次大规模物种灭绝。

然而,大规模物种灭绝总是伴随着生物多样性的恢复。2.51 亿年前的二叠纪大灭绝中,当时高达 95％的海洋物种和大约 70％的陆地脊椎动物亡族灭种,为恐龙腾出了生存空间,而白垩纪末期的一次陨石撞击之后,恐龙在 6600 万年前的大规模死亡使哺乳动物和鸟类的多样化成为可能。物种灭绝和随后的适应过程,从进化的角度来看,幸存的物种相对迅速地分裂成新的物种,再次增加了生物多样性,被生物学家称为适应辐射。生命适应了空旷的地球,空缺的生态位最终被新的物种填补。根据前一波大灭绝的范围和地球气候的稳定性可知,大规模物种灭绝的过程通常需要数万年到数千万年。从人类的角度来看,这确实是一段很长的时间,但从进化的角度来看,这只是一眨眼的工夫。

2. 创造性的毁灭形式中的赢家

鉴于上述所有的理由,你可能会怀疑,从长远来看,开启人类世的人类的存在是否会对生物多样性产生完全消极的影响呢?我们的破坏性趋势可能会成为一种创造性的毁灭形式,一种清理进化领域的方式,给以前被边缘化的物种一个抢夺主导权的机会。也许人类世就像 5.41 亿年前的寒武纪大爆发一样,它会带来生物学上的突破,人类活动和人类世可能会产生全新的物种和生命形式。我知道这个想法令人不安,甚至有些危险。毫无疑问,我们的存在正在威胁现有的生物多样性和生态系统。我们制造了一个问题,并对此负有道德责任。但是,在采取具体行动避免灾难的同时,我们需要继续思考,并敢于朝不同的思考方向探索。从长远来看,大规模物种灭绝是否会在某些方面有益于地球上的生命? 想象一下,我们正处于一个人类世大爆发的时期,这是一个至今尚未被确认的适应辐射时期,在这个时期,大规模物种灭绝为一种新的生物多样性腾出空间。这将意味着人类世不仅造成了无数现存物种的灭绝,而且还使新物种的进化成为可能。我不想立刻陷入这个观点所蕴含的巨大的道德含义中,我想去探索可能性本身。我们应该从哪里去证实这样的进化事件呢?哪些新物种可以从人类世中受益? 除了我们人类,还有三种可以在人类世时期实现进化飞跃的物种。

(1)与人类相关的物种

人类世大爆发最明显的受益者是那些没有被人类排挤出去,并且已经和我们联系在一起的生物。多亏了罐装食品和人类提供的照顾,宠物猫享有安全又平静的生活。由于人类对牛奶和鸡蛋的渴望,存在着大量的奶牛和鸡群。寄生虫和病毒随着杀虫剂和药物的进化而进化。这些被称为近人物种(synanthropes)的生命模式的繁殖越来越成功,因为它们已经适应了人类环境,并将其变为它们的自然栖息地。它们的基因进化反映了人类的文化进化。许多生活在城市里的动物已经表现出了对嘈杂、忙乱、有人工照明的城市这种新荒野的特殊适应能力。随着人类世的进行,我们不只是担忧物种的灭绝,我们还有希望看到猫、狐狸和画眉鸟发展出辉煌的、新形式的多样性。

　　在城市之外,在传统的自然荒野中,一些生物正在茁壮成长,而另一些则已经灭绝。海洋可能就是最好的例子。由于过度捕捞和大气中碳浓度过高,海洋鱼类资源耗竭,海水酸化,海洋似乎正走向一个"凝胶状的未来",鱿鱼、墨鱼、章鱼这些软体动物和微生物将主宰鱼类腾出来的生态位。上一章讨论的食用塑料的微生物就可能是新生的海洋占领者。能够适应海洋环境并消化塑料的微生物将会遇到丰富的可利用食物。这个进化小生境的空间正在打开。但是,也许有极少数观察者会宣称,由鱿鱼和食用塑料的微生物主宰的海洋,与充满珊瑚、鲨鱼的海洋一样有价值;或者,一条随处是老鼠和垃圾的小巷,提供了与被树木和灌木丛覆盖的山谷一样的鼓舞人心的生态丰富性。

　　虽然为了理想的性状而培育家养物种加速了基因变化,但它并不直接导致全新的物种的产生。随着时间的推移,我们已经达到了基因的极限,一头牛到底能产多少奶;在能走路的情况下,一只吉娃娃的体型到底能有多小。尽管这些动物有着惊人的独特性,但是它们通常还不能被认为是与其野生近亲物种完全分离的独立物种。即使不需要数百万年,至少也要数千年之后,适应人类的近人物种中才会出现真正的新物种。

(2)基因改造生物

基因工程可以潜在地加速进化过程,并给人类世大爆发带来真正的新生物。类似于斑马鱼的转基因荧光鱼是转基因技术培育出的最具吸引力的新型动物之一。孩子们喜欢荧光鱼,因为它们像霓虹灯一样的体色显得很活泼。尽管如此,这种超自然物种的人工起源仍然让人们困惑不已。也许这些鱼的确是陌生的新物种,可是,与老式的通过自然选择进化出的物种相比,基因改造下设计精美的物种没有理由不更受欣赏。基因改造发生在生物圈和科技圈交界的最前沿。这两者之间的结合会带来理想的产物吗?

黄金大米是一项有争议同样也很有前景的转基因实例。由于添加了玉米基因,这个品种的大米已被基因工程改造出能够生产 β 胡萝卜素——一种人体用来制造维生素 A 的物质——多亏添加了一种玉米基因。β 胡萝卜素使大米变黄,因此得名。在人们普通缺乏维生素 A 的地区,每年大约有 67 万 5 岁以下的儿童死于维生素 A 缺乏。黄金大米就是被设计到这些地区供人们种植和食用的。世界上有一半以上的人口每天都在食用大米,在亚洲,大米提供的热量占人类摄入的总热量的 30% 到

72％,因此,黄金大米的支持者认为它是减少维生素缺乏的理想作物。将玉米和大米的最佳特性结合在一种营养丰富的新谷物中,听起来似乎是个不错的主意,但并非每个人都欢迎黄金大米的到来。

引入黄金大米和转基因生物的主要障碍不是来源于技术,而是来源于社会。传统的保护组织大力反对基因工程。因此,公众认为这是不好的,因为这是"不自然的"。正如我们在第二章中看到的,这个推理与保守的观点有关,即自然是一个静态的现实,我们不应该干涉。尽管传统浪漫化的自然形象正在慢慢崩塌,但它仍然广为流传,这也是一种矛盾。自然资源保护主义者并不反对种植花卉或挤牛奶,但从技术层面上来说,它们都是对原始自然世界的操控。当然,不同之处在于,与传统的技术手段相比,基因工程是全新的。我们不能充分预见到使用它的后果,因此,适当的关注和谨慎行事是必要的。但是这不等同于仅仅是因为它被公众视为不自然,我们就需要马上拒绝这项技术。

绿色和平组织尤其反对基因工程,并将其设定为基本原则。即使在129位诺贝尔奖获得者呼吁它改变立场后,该组织仍然拒绝让步。具体而言,这些诺贝尔奖获得者敦促绿色和平组织停止反对引进黄金大米,他们表示黄金大米是安全的,并且会对发展中国家大有帮助,因为这些国家迫切需要营养丰富的高产作物。但绿色和平组织没有屈服。难道它认为拯救鲸鱼和北极熊比拯救发展中国家的人民更重要吗?如果真是这样,那这一观点也过于愤世嫉俗了。与这个观点相反,绿色和平组织不肯让步的原因在于它认为黄金大米如同特洛伊木马,将打开灾难的大门,让各种不良的转基因生物泛滥。

我们应该认真考虑 129 位诺贝尔奖获得者的科学观点,支持在发展中国家引进黄金大米,但这并不意味着我们应该接受每一种转基因作物。当像孟山都公司(该公司的名称常因其所作所为被提起)这样的跨国公司开始向农民出售获得专利的转基因作物时,一定有什么地方出了大问题。这些作物不仅抑制传统植物的生长,而且只能产出一个季度的收成,因此农民被迫年复一年地从该公司购买种子。

即使是那些不想种植这些作物的农民最终也会种植这些作物,因为专利种子会从邻近的田地里吹到他们的土地上。其结果是农民被裹挟在公司结构中,这让人想起中世纪,当时农民被迫成为庄园主的奴隶,被要求每次收获都必须分一大份给庄园主。在现代社会,这种制度基本上被抛弃了,但是,如果我们不小心行事,专利种子将把农民变成现代农奴,让农民成为公司的奴隶。我们将在第十章中更详细地探讨公司对人类的封装行为。

然而,基因工程也带来了潜在的希望之光,即它能够扩大地球上的生物多样性。如前所述,我们正在经历第六次大灭绝,我们周围无数的生物正在消失。有远见的自然资源保护主义者斯图尔特·布兰德(Stewart Brand)启动了一个项目,力求利用转基因技术使包括猛犸象在内的已经灭绝的物种复活,并提高濒危物种的数量。我们是否有道德责任,利用我们的聪明才智来复活灭绝的物种? 布兰德表示:"我们就像神一样,也可以做得很好。"认识到这一点,人类可以设定目标,用精心设计的新生物来丰富生物圈,这是地球管理的 2.0 版本,我们不仅关心现有存储,而且意图扩大存量。不过,我们不可以天真地信任这种做法,也不能高估我们改造世界的能力。就像任何新技术一样,基因工程技术带来了机遇,也带来了危险。这场辩论不应该简单地归结为一个是与否的问题。我们最好先谈谈应该如何管控新技术,并努力找出人类在通过转基因创造新的物种这一技术面前保持微妙的立场的最好方法。

（3）非遗传科技生物

在人类世大爆发中取得胜利的第三类生物有着完全不同的生命规则。独特的新生命形式正在摆脱由 DNA 突变驱动的数十亿年遗传进化的束缚,开拓非遗传进化的新领域。它们是新的生命,但和我们所熟知的生命形式截然不同。

当我们谈论生物时,我们通常指的是动物、植物,也许还有基于 DNA 和碳水化合物的微生物。虽然我们可能会假设进化总是通过 DNA 发生的,但原则上没有理由认为它不能在其他媒介中发生。进化比 DNA 更古老,DNA 本身是从更简单的 RNA 进化而来的。进化——以及随之而来的生命本身——会在某一时刻进入另一种媒介吗? 我认为它可以做到,而且,我认为新的进化已经在进行中了。

最近，关于人类世的讨论正在与科技圈的发现走向同步，这并不奇怪。科技圈，就像生物圈一样，由各种各样的东西组成——计算机病毒、机器人、智能算法——我们最终可能会认识到它们也属于"物种"。在第四章中，我描述了科技如何逐渐变得像传统生物学的生命一样复杂。在第七章中，我着眼于讲述进化是如何完成从基因到模因的飞跃，使模因成为遗传信息的替代载体。正如哺乳动物填补了恐龙在第五次大灭绝后留下的空白一样，非遗传科技生物也可以在第六次大灭绝后创造的新空间里生存。

流行文化大多以轶事的形式描绘科技生物的进化，如游戏中的虚拟生命，玩具店里的机械狗，科幻电影中邪恶的或善良的人工智能等。由于游戏很容易关闭，机械狗从根本上说是一件无助的物品，而真正有意识的人工智能仍然是一个离我们很遥远的抽象概念，我们倾向于摒弃整个非遗传进化的想法，认为这是一个古怪的白日梦。任何认真对待新生命形式的人都需要在树林中多走走，去欣赏生命真正的复杂和美丽。因为我们需要面对现实，即电子游戏或机械狗中蕴含的生态复杂性无法与森林中的松鼠相提并论。

我喜欢在树林里散步，上述观点有值得肯定的部分，却也不尽然正确。这种判断基于一种误解，即认为游戏、玩具和好莱坞电影是科技生活在我们身边发展的现实例子。这种想法就好比你可以通过展示一朵塑料花来向人们解释兰花的美丽和复杂性。虚拟游戏和机械狗并不足以说明我们周围正在进化的非遗传科技生命。正如一幅风景画描绘的是一个地方的美丽，但不能完全展现它的复杂性一样，作为科技物种的例子，机器人玩具和视频游戏有太大的局限性。它们仍然是非常新生的事物，无法确切地归类。我们还生活在一个过渡阶段，我们误把愿景认作了现实。

我遇到过一位动物园园长，他向我解释说，手机制造商构建的服务生态系统与森林的生态复杂性不是同一级别。他用这个例子试图证明生物学比科技更复杂。虽然我同意他的观点，但我也认为电话公司用来在市场上定位其产品的这一比喻，恰恰说明了科技生命形式的演变正在进行，这是我们凭直觉感受到的一个粗糙的例证。现实更加抽象，也更加陌生。科技物种并不需要模仿生物物种才能生存。用路德维希·维特根斯坦（Ludwig Wittgenstein）的话来解释，即使机器人会说话，我们也无法理解它。这些新物种在行为、智力和生理机能上与人类和现有的其他动物之间存在很大差异，这种差异可能与我们和真菌的差异一样大。

3. 生物多样性与科技多样性之争

如果我们想要研究科技生命，我们不应该着眼于机械狗和游戏的领域，这些都是为了模仿现有的生物和环境而设计的。我们会在那些乍看之下完全是人造的且完全不涉及自然的地方发现更多有趣的例子。以金融体系为例，今天超过 83％ 的股票市场交易是通过算法进行的。交易员、经济学家和程序员已经启动了一个算法系统，这个系统如此复杂，以至于我们再也不能精确地理解它们是如何相互作用的。它们构建了一个具有自身活力的科技生态系统。这个系统起源于科技圈，通过与外部世界的联系维持并壮大自己，想想商品价格是如何从根本上影响生物圈和岩石圈的吧。

这种与更广阔世界的联系将金融体系与我们从虚拟游戏世界中了解到的受限制的人工数字生命区别开来，后者（如机械狗）仍然属于无害的范畴，因为当我们关闭计算机或拔掉插头时，它就不复存在了。可是，我们不能用同样的做法控制金融体系。

正如前面所讨论的，公司也与我们的生活紧密相连。就像多细胞群中的细胞一样，我们作为消费者和雇员与公司联系在一起。我们研究了它们对地球表面的深远影响，以及它们如何被视为基于模因而非基因的新的优势种。它们与环境相互作用；它们有自己的新陈代谢；它们维持自己的生命；它们通过分裂和合并进行繁殖，这些母公司有能力改变和进化，以便在未来的市场竞争中生存下来。公司拥有我们通常与生命联系在一起的所有特征。公司注册的专利比地球上已知的物种还要多。公司不是基因生物，而是模因生物。我们将在下一章更详细地研究进化的新的模因阶段。这显然与我们所知的生命格格不入。随着论文报道了生物多样性令人担忧的下降，科技多样性似乎正在迅速增加。这两者之间的关系是什么？我们如何保持这一关系的平衡？

如果人类世大爆发真的在发生，人类正在成为生物生命和科技生命大规模多样化的催化剂，我们需要面对一个问题：我们对现存物种灭绝的担忧是否真的有道理。物种灭绝为新的生命形式让路，这在进化史上并不是史无前例。如果进化能够以足够快的速度产生新的物种来弥补灭绝的物种，那么从自然的角度来看，这没有什么需要担心的。人类世大爆发将带给我们与人类相适应的物种，精心设计的转基因生物，以及摆脱了数十亿年遗传进化的科技生物。我们正走向一个辉煌的新世界吗？

事情没那么简单。忽视风险和损失，盲目向前迈进将是非常危险的。我们最初使用科技是为了保护自己免受无法控制的自然力量的伤害，而现在，科技本身就是一种可媲美自然的强大力量，一种可能对我们有利但也可能伤害我们的力量。有时候，对于科技我们似乎只是顺其自然。如果我们不加倍小心的话，人类世，即人类的时代，将很快被科技世所取代，科技的时代紧随我们之后。在科技世时期会有海豚、海龟、犀牛和人类这样的生物存在吗？

人类是进化的催化剂。我们启动了这个过程。我相信我们最大的道德责任是使生物学和科技达到平衡。尽管想要回到一个完全由生物圈组成的世界是个很诱人的想法，但我们不能幻想科技圈会消失。进化仍在进行，我们只能向前迈进。但是，天真地拥抱一个科技取代生物的未来也是不可取的。如同走钢丝一样，我们必须在生物圈和科技圈之间找到平衡。因为最终它们共存于同一个星球：地球。

我们如何才能找到一条不仅适合人类，而且适合所有其他物种的道路呢？这绝非易事，但是引导人类世大爆发朝着正确的方向发展是我们所背负的道德责任。为了成功地做到这一点，我们需要了解更多关于进化的知识。

第九章　进化之进化

　　也许，人类有史以来最重要的思想诞生于查尔斯·达尔文所著的一本书里，该书于 1859 年 11 月 24 日出版。这本名为《物种起源》的书初版发行了 1250 本，介绍了物种经过世代进化的科学理论，达尔文称之为自然选择。达尔文提出的证据表明，生命的多样性起源于一个共同的祖先，并通过进化分支进行。他的理论得到了加拉帕戈斯群岛动物物种实地研究结果的支持。这本书立即引起了轰动。它的初版很快就销售一空，之后还有更多的增印，其翻译版本和修订版本也随后问世。几十年后，对基因变异的实证研究证实了达尔文的理论，这个理论至今仍然是进化生物学的基础。更重要的是，进化论帮助我们理解了我们人类这一物种的起源，以及我们与地球上其他生物之间的联系。

　　达尔文研究的重要性和影响是无法估量的。然而，生命进化的观点只有 160 多年的历史。与个人的寿命相比，这段时间看似很长，但与已经存在了数千年的历史文献，已经存在了数十万年的智人，或者已经存在了数十亿年的星球相比,这段时间算不了什么,不过是电光石火。因此,进化论仍是相对较新的理论,我们还没有对它进行透彻的理解。例如,达尔文详细描述了最适应环境的物种是如何生存下来的,但他并没有详细说明生命形式是如何在进化过程中相互取代的。他将他的分析局限于以碳水化合物为基础的生物,而没有谈论在分子和原子水平上的含义。我在这本书中探讨的关于进化可能的未来及其在文化领域的影响,达尔文一字未提。

正如今天的哲学家仍然花费大量时间研究像柏拉图和亚里士多德这样的古希腊思想家的哲学思想一样,在达尔文的进化论中仍然有许多东西可供生物学家去发现和扩展。早些时候,我讨论了理查德·道金斯的重要贡献,他提出,除了基于 DNA 变化的基因进化外,还有模因进化,即信息复制、变异和传播的模式。

离我们更近的例子是,在 1995 年,约翰·梅纳德·史密斯(John Maynard Smith)和厄尔什·绍特马里(Eörs Szathmáry)关于进化史关键阶段发表了一篇具有开创性研究的论文。在持续的进化过程中,生物学家寻找复杂性中的重大变化——真正重大的转变。这与数学中的整数和小数一样,真正重大的转变是 1、4 和 8 这样的整数,而不是 0.5、3.5 和7.125这样的小数。如果进化是阶梯,那么这些重大转变就是台阶。你可能会认为重大的转变是第一个爬出海洋并在陆地上生存的动物,或者第一个直立行走的猿类。然而,尽管这些都是引人入胜的例子,它们关乎生活方式的改变,并且产生了深远的影响,但是它们本身并没有在进化的复杂性上构成巨大的飞跃。

梅纳德·史密斯和绍特马里指出,真正重大的进化转变发生在现有生物开始共同工作或者将彼此封装在一个更大的整体中时。有时，这些物种甚至最终会变得无法脱离更大的整体而繁殖。单细胞跃变为多细胞就是一个例子。尽管细胞是在 1665 年被发现的，但直到 1839 年人们才知道每一种活着的植物和动物都是由活细胞组成的。从单细胞到多细胞生物的飞跃是进化过程中很明显的重大转变。

多年来，生物学家一丝不苟地绘制出了进化复杂性的等级图。但是他们的工作大多局限于基于 DNA 和基因存在的生物，因此，这无助于我们理解全新的、由人类驱动的进化阶段。现在是不是应该有一个新的、包罗万象的进化理论，一个包含了非遗传生命形式的理论？在写本书的时候，我以为我得自己想出一个理论，让我高兴的是，我得知生物学家赫拉德·亚赫·欧普·阿克胡伊斯（Gerard Jagers op Akkerhuis）已经做到了。2015 年，我在荷兰皇家艺术与科学院（Royal Netherlands Academy of Arts and Sciences）做了一次演讲。在演讲结束后，他告诉我，下一代自然与他的"操作者理论"有着怎样的联系。这个理论将物理、化学和生物学的见解联系在了一起。

亚赫·欧普·阿克胡伊斯告诉我，他之所以构建出操作者理论，是因为他认为生物学家对生命形式的排序方式不恰当——从小到大，从原子和分子开始，到细胞、组织和生物，再到种群、生态系统、生物圈、地球、太阳系，最后到宇宙。行星和太阳系并不是从细胞或生物中生长出来的，然而生物学家却将它们排在生态等级的较高位置上。这个模型告诉我们的是规模，而不是随着时间的推移进化的发展。在花了很长时间研究梅纳德·史密斯和绍特马里关于进化转变的观点并以此为基础之后，亚赫·欧普·阿克胡伊斯发明了另一种对生命形式排序的新的方法——一种整合自然界非生物部分的方法。

遇到志同道合的科学家是一件令人愉快的事情,你可以站在他们的肩膀上看得更远。虽然为了便于阅读,我在这里省略了他的理论的一些细节,并在书的后面得出了我自己的结论,但我在这一章中谈到的进化的复杂程度是基于亚赫·欧普·阿克胡伊斯的著作。亚赫·欧普·阿克胡伊斯提出,进化已经从宇宙中最基本的粒子发展到越来越大的、越来越复杂的结构。进化的每个层次都包含一个操作者——操作者可以是任意的事物,从夸克到动物——它掌管一个独特的界面,这个界面包含了前一个层次。虽然层次之内也在发生变化,但操作者合并成下一个层次的行为才是最重要的进化步骤。每一步的变化都会催生下一个层次的发展。如果我们把进化看作是一个波动的过程,我们可以观察到许多小波动,它们时不时地产生一个大波动,把生命提升到下一个层次的复杂程度。

这种分层进化理论的优越之处在于,它能帮助我们理解自然是如何建立在经典生物学的范畴内,以及自然如何建立在已达到的复杂程度之上的。分子的形成需要原子,然后分子使细胞进化。离细胞最近的层次,例如植物,是由细胞组成的。以这个模型为基础,让我们来看看自然界的八个主要的结构层次。我们将从最底层开始,从构建宇宙的基本单元开始,一步一步地从细胞向更复杂的生物发展,一直到新的、由人类发起的进化阶段,在这个阶段,模因生物正在进化。

1. 基本粒子

基本粒子——电子、中微子、夸克、传递力的粒子和反粒子等——是自然的基础。据我们所知,这些实体不能被分解成更小的单位,它们是组成宇宙的"乐高积木"。我们应该注意到，它们是极不寻常的"乐高积木"，拥有我们根本无法彻底理解的属性。它们不仅是粒子，也是场，它们表现出日常生活中不可能出现的各种效应，比如同时出现在多个地方的能力。也许有一天物理学家会发现基本粒子实际上是具有复杂内部结构的复合单元。但目前我们的能力还不足以达到那个水平。目前的科学共识是，在已知的自然界中没有更复杂的层次，基本粒子是最基础的结构层次。

2. 强子

在第二个层次上，基本粒子如夸克在基本的载力粒子的影响下黏在一起形成强子。我们知道夸克有不同的"风味"，可以按照不同的方式组织成强子。据我们所知，夸克没有内部结构。但强子是有内部结构的，因为它们是由多个夸克组成的。根据组成的夸克的不同，可以形成不同类型的强子，如质子和中子。

如果我们把第一层的基本粒子看作是"乐高积木"，那么在第二层，我们看到这些"积木"互相连接，可以用来建造不会马上分崩离析的东西。这意味着强子是反映自然界中复杂性的一种基本形式——一个微小的奇迹。宇宙不仅仅是由不可分的基本单元组成的无形的混合物；相反，这些单元可以聚集在一起形成具有自身特性和行为的复合粒子。对于基本粒子来说，这形成了它们的第二天性，即它们组成了新的整体，其整体大于各部分之和。

3. 原子

第三个层次是原子，原子的结构是由质子和中子组成的原子核决定的,而原子核被排列在壳层中的电子包围。质子和中子是两种不同类型的强子,而强子本身是由各种夸克组成的。原子这个词来自希腊语中的"atomos",意为"不可分割",因为原子一直被认为是不可分割的基本粒子。希腊哲学家留基伯和他的学生德谟克利特(哲学原子论的创始人),提出所有的物质和现实都是由虚空中的东西组成的,而这些东西是由不可分割的、坚不可摧的粒子组成的,他们把这些粒子命名为原子。

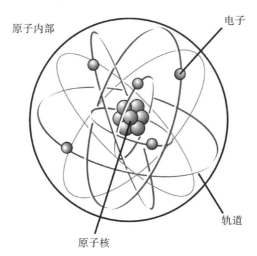

当我还是个孩子的时候,我父亲向我解释了哲学原子论,他拿起一张纸,把它撕成两半,然后撕成 4 块,接着是 8 块、16 块、32 块、64 块等。这就引出了这样一个问题:在碎片变得太小以至于无法撕裂之前,你还能坚持多久。答案是:原则上,一直可以坚持到不可分割的粒子,或者说原子。然而,现代物理学中最令人不安和困惑的发现之一就是,我们称之为原子的粒子实际上是可被分割的。

19 世纪晚期,人们仍然认为宇宙是由这些牢不可破的原子组成的,而且,世界上物质的排列似乎相对有序。然而,一个多世纪以来,物理学家一致认为,原子具有内在的复杂性,是由上面讨论的更小的元素组成的。原子由强子和电子组成,而强子由不同的夸克组成。

根据目前的知识,原子所处的层次,一度被认为是宇宙"乐高积木"中最基本的层次,实际上代表了自然结构复杂性的第三层。这个相对较新的发现给我们带来了这样一个问题:我们对今天定义为基本单位的单位有多确定。关于自然的基本单位是什么,我们以前就犯过错误。假设今天的基本单位最终会由迄今为止尚未发现的粒子、波或弦组成,似乎也是合乎逻辑的。不考虑这些,我们今天对传统意义上被称为原子的粒子已有不少了解。到目前为止,我们已经确定了 118 种不同的类型,从氢到钚,从碳到金,等等。原子可以以不同的构型进行自我组织。原子核中包含的原子和中子的数量决定了原子的类型。元素周期表对所有元素做出了概述。

4. 分子

在第四个层次上,原子组织成分子,比如,简单的水(H_2O)分子由两个氢原子和一个氧原子结合而成的;较复杂的 DNA 分子,或称脱氧核糖核酸,是一种生物化学大分子,是包括病毒在内的所有已知生物的遗传信息的主要载体,其中数百个原子聚集在一起。原子有两部分,中心是由质子和中子组成的原子核,原子核被电子包围,原子应该自行排列成分子结构,这并不是很明确的。宇宙可能由无数无组织的原子组成,这些原子没有以任何可辨别的模式排列,但事实并非如此。事实证明,原子之间的关系是稳定的,它们以各种各样的方式定位自己。这第四个层次的复杂性是化学的领域,这门科学关注的是分子的性质及其相互作用。分子所处的位置是我们通常所说的生命的边界。H_2O 分子，也就是水，可以在整个宇宙中找到，但迄今为止，复杂得多的 DNA 分子只能在地球上找到。

5. 细胞

第五个层次是细胞。我们可以把细胞想象成一个城市或社会，其中的分子组合成一个动态的结构，能够再生和自我复制。最后一点是关键所在：繁殖能力通常被视为生命的先决条件。一个细胞由一个内部结构组成，周围环绕着一层薄膜——一堵极小的城墙，用来保护细胞和外部世界之间的边界。

正如存在着各种各样的分子一样，细胞也有不同的类型。最基本的细胞是最古老的，也是最小的。原核细胞是 0.5 微米到 3 微米的微生物。它们最早出现在大约 35 亿年前，至今仍占地球生物量的一半以上。所有的细菌都属于这类细胞。这些生物通过二分裂进行繁殖。一个细菌一分为二，每个新细胞都有与母细胞相同的内容。在适当的条件下，一些物种每 20 分钟就能分裂一次。

原子组合在一起形成不同的分子，最终导致细胞结构能够复制，这也许是生命历史上最伟大的奇迹。这是一个巨大的进化飞跃：一个稳定的分子结构不仅能够维持自身的存在，而且能够通过复制和繁殖的能力来增强其稳定性。含有细胞遗传物质的复制指令存储在 DNA 分子中。

尽管第一代细胞比单分子细胞更加稳定，不仅能够维持自身的存在，而且能够繁殖后代，但它们仍然极易受到入侵病毒的攻击。在原核细胞中，DNA 分子自由地漂浮在细胞膜内，导致穿透细胞壁的病毒很容易使 DNA 发生变异，从而使细胞的遗传物质发生变异。这就像把皇冠上的宝石放在城市围墙内的大广场上,或者让一架飞机敞开驾驶舱,任何乘客都可以漫步进入并夺取控制权。一种更稳定的细胞至少花了 20 亿年才进化出来,这种细胞的 DNA 分子和它们脆弱的遗传物质被包裹在一个单独的细胞核里。

6.复杂细胞

真核细胞的直径大多超过 3 微米,它们大约出现在 17 亿年前,当时一个简单的细胞壁向内折叠并围住了它的遗传物质。继续用我们之前使用的比喻,把细胞比作城市,你可以说城墙向内延伸是为了保护细胞最珍贵的内容,即包含其遗传物质的 DNA 分子。

原核细胞的 DNA 自由地漂浮在细胞壁内,当简单的原核细胞进化成为将 DNA 封装在细胞核内的更复杂的真核细胞时,它在细胞进化的稳健性方面取得了突破。但是,细胞的内部复杂性也通过一种完全不同的方式增加了,即内共生,是指两个生物体形成了作为一个整体共同工作的关系。事实上,成功的原核细胞开始在它们的细胞壁内吞噬其他细胞,就像一个发展中的城市可能吞并邻近的社区一样。

这些被吞噬的细胞在封闭的细胞结构中发展出特殊的功能。为了交换营养物质,这些被吞噬的细胞(后来被称为细胞器)将外部的攻击转变为保护,积极适应不断变化的环境条件。

这些生命形式之间的密切合作产生了第一个蓝细菌,也被称为蓝绿藻。简单的原核细胞能够将其他细胞封闭在自己的细胞壁内,这就是地球大气层中含有氧气的原因。这些被吞噬的细菌发挥叶绿体的作用,利用水和二氧化碳制造葡萄糖,并释放作为废物的氧气。这种共生关系使得新产生的蓝细菌具有了制造自己食物的优势。它们的生命离不开阳光，通过至今仍在植物中发生的光合作用生活。

尽管生产氧气的蓝细菌创造了我们今天所知的地球生命的条件，但当它们在 20 多亿年前出现时，它们造成了一场环境灾难，引发了地球上第一次大规模物种灭绝。对于以海洋中的有机物质为生且更为古老的厌氧细菌而言，蓝细菌产生的氧气是有毒的。厌氧的原始物种大规模灭绝。事实上，为地球创造氧气大气层和我们现在所知的生命形式的同一个事件，也带来了环境悲剧，成了创造性破坏这一概念典型的例子。将充满塑料的海洋或人类造成的气候变化与这个很久以前的事件相提并论，未免有些冷嘲热讽。然而，它提醒我们，甲之蜜糖乙之砒霜，一个物种的机遇可能是另一个物种的灾难。

自然选择作用于能够快速适应环境变化的厌氧细菌身上，最终导致新的微生物需要氧气来分解有机物。这些生物体加上蓝细菌的存在，创造了一种产氧和耗氧的细菌之间的平衡，这些细菌在今天的地球生物圈中仍然扮演着至关重要的角色。如果没有这次被地质学家称之为氧气灾难的事件，我们所熟知的生物圈，包括所有的植物、鱼、鸟、老鼠、大象、狮子和人类等，将永远不会存在。

细胞不仅在地球生命的进化史上扮演着重要的角色，甚至在今天，我们也有充分的理由称其为地球上主导的生命形式。细胞已经存在超过35 亿年了。它们的出现早于藻类、植物或鱼类，早于恐龙，当然，也早于人类。它们创造了我们的氧气环境。我们认为的所有活物都是由细胞组成的，细胞含有一个生物所有的遗传信息。细胞具有自我复制的能力，它们是地球上生命形式的起源。细胞从简单的分子和原子结构中产生，这是一个奇迹。如果可能,甚至可以这样说,许多细胞最终将自己排列成了我们今天所知道的多细胞生物,这是一个更大的奇迹。是的,亲爱的读者,这其中也包括你。

7. 多细胞生物

第七个层次是多细胞生物。在前面的层次上,我们看到分子如何完成令人惊异的壮举,将自身聚集在一起形成能够自我复制的细胞,在经过数十亿年的进化后,以各种方式相互作用,增加了单细胞生命的复杂性和稳定性。谁会想到不同类型的细胞会聚集在一起并合作组成多细胞生物呢?多细胞生物出现之前,没有人能想到这一点。毕竟,那时候还没有哪种生物拥有大脑能力,能够对围绕自己的进化发展感到惊讶。然而,现在回想起来,多细胞生物的出现似乎是不可避免的,因为它发生了两次,植物细胞和动物细胞都是如此。

多细胞性在于个体组成群体。任何参加过大规模示威或在足球比赛中为触地得分欢呼的人都知道,大量的人聚集在一起发出共同的声音能展现出一种庞大的集体力量。一方面,你觉得发出的声音被加强了,这是因为欢呼的人数很多;另一方面,不同人之间会有一种紧张感,毕竟,你们彼此之间截然不同。简单的细胞不能反映它们的集体行为,但它们也面临着类似的紧张关系。35亿年前,所有的生物都是单细胞的。单个细胞极其脆弱,因为它很容易被另一个细胞吃掉或被水流冲走然后被毁灭。所以细胞们想出了一个聪明的办法:在裂变后,它们开始黏合在一起。细胞们通过细胞壁表面特殊的黏附蛋白来达到这一目的。通过这种方式,它们形成了菌落。菌落比单个细胞更大,更难被吃掉,因此菌落的成员比单个的细胞有更好的存活机会。这是迈向多细胞生物的第一步。

然而,菌落里的生活也带来了新的问题。例如,为了移动,细胞们必须协商合作。如果一个细胞想往左走而另一个细胞想往右走,那这个菌落哪儿也去不了。那些细胞们相互之间能进行沟通的菌落拥有进化优势。这些菌落会保持团结,而那些不善于沟通的菌落则会分崩离析。一代又一代之后,一个基于特殊信号物质的复杂系统出现了。沟通促使细胞们相互影响,并调整它们的行为来配合它们的同伴。这对于菌落里的个体细胞和整个菌落来说都是一个优势,是迈向多细胞生物至关重要的另一步。

有些细胞完全被其他细胞包围,这些内部细胞"经历了"一个完全不同于外部细胞的环境。这使得它们的行为有所不同。外缘细胞比中间细胞更需要保护自己。因此,一些细胞为了占据群体中的某些位置开始进行自我优化,这个过程被称为分化。随着时间的推移,出现了具有不同特征的细胞——适合运动的肌肉细胞、生殖细胞以及善于沟通的神经细胞(这些细胞带有长长的附属肢体,可以用来与远处的其他细胞进行交流)。特殊的调控基因也得到了发展,控制菌落中细胞的位置和功能;这些基因就像开关一样,在更大的组织中协调单个细胞的行为。

在进化过程中,细胞结构变得越来越复杂,数百万年来,调控基因的数量不断增加。改变基因开关的设置,你会得到一个完全不同的细胞。每个单个细胞仍然有自己的新陈代谢和一个作为细胞壁的膜,但当分化进行到某个程度时,细胞们致力于在多细胞生物中各自发挥特定的作用。调控基因的突变导致了细胞之间的广泛变异,并对菌落的最终形态产生了重大影响。通过这个过程,多细胞生物缓慢而稳定地出现了。组织和复杂的器官(如肝脏、心脏、大脑等)在它们的生物体内部成形以执行特定的功能。

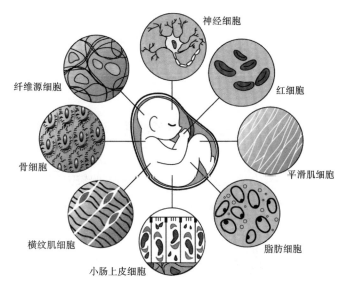

多细胞生物的发展开创了进化复杂性的新高度,因为它们拥有感官接口,能够以全新的方式与外部世界互动。它们有视觉、听觉、触觉和味觉。一个多细胞生物体也可以通过繁殖创造出由新细胞组成的同一物种的全新生物体。如前所述,多细胞化出现了两次,一次在动物中,一次在植物中。每个领域都发展出各种各样的形态,随着时间的推移,扩展到我们今天所知的动植物的巨大多样性中。一旦这个结构建立起来,通向人类的这一步就相对较小了。现在,如果你期望我介绍人类作为下一个进化阶段的明星,恐怕我要让你失望了。不要误会我的意思:我们的大脑体积较大,是一种人类独有的进化现象。尽管如此,我们每个人仍然是由碳水化合物组成的多细胞生物。你的身体是一团相互协作的特殊细胞。人体生理,和其他动植物一样,是由 DNA 编码的遗传密码定义的。人类的 DNA 和黑猩猩的有 98% 相同,和金鱼的有 60% 相同,和果蝇的有 50% 相同。不过,我们也有特殊之处,因为我们高度发达的大脑,我们正在使进化复杂性达到一个新的水平。人类在地球上的存在使得模因——基因的对应物和文化进化的载体——得以腾飞。随着进化的不断展开,模因可能进化成模因生物。

8. 模因生物

在数十亿年的时间里,地球上出现了多细胞生物,引发了巨大的变化。5 亿年前就有了寒武纪生命大爆发,脊椎动物就是在那时候进化出来的。6600 万年前恐龙的灭绝为哺乳动物的进一步进化提供了空间。人类的到来也可以说是一个独特的事件。作为一种物理意义上相对不起眼的生物,我们长期处于食物链的中间。但多亏了我们高度发达的大脑,我们才能对周围的环境有更深入的了解。这为高级合作、未来规划和工具生产铺平了道路。虽然我们和其他多细胞生物一样,仍然由基因决定,甚至受基因控制,但我们是第一个让模因起决定性作用的物种。

正如我们所见,理查德·道金斯开创了模因理论。科学界尚未就模因作为文化进化单位的观点达成共识。支持者认为模因就像基因一样,通过变异、突变、竞争和遗传传播,也通过它们在宿主身上引起的行为传播。苏珊·布莱克莫尔(Susan Blackmore)在她的《模因机器》一书中甚至认为,人类意识可能是模因进化的结果,因为人类意识有助于它们的传播。与此同时,批评家认为模因模型是不充分的,因为它没有提供一个离散的文化进化单位,也没有经验性的衡量标准。然而,其他人则认为,神经影像技术的进步可能会改变这一点,因为它可以用来证明模因的物理存在。

我们之前研究的进化复杂性的所有层次都成形于遥远的过去,包括人类还没有出现之前。目前仍处于发展阶段的是第八个层次。有鉴于此,我们可以尝试用以前达到的进化水平作为指导来预测未来。虽然我们不知道进化是否会永远持续下去,但是如果认为进化已经演化到了像我们这样的多细胞生物的复杂程度,那就太自以为是了。相反,自然的进化机制一直保持在原有的复杂性基础上,可能会继续进行下去。

正如水晶是由更低层次的元素组成的一样,崭新的第八个进化层次是建立在现有第七个层次的生物已经巩固的基础上。就像原子很难预测自己会组织成分子,形成细胞,最后聚合成多细胞生物一样,我们也不能真正知道下一个层次将如何运作。这个阶段仍然在推测中。进化阶梯上的第八个层次很可能是模因阶段(图 4)。然而遗传信息在前两个层次是通过基因传递的,在这里,模因很可能代替基因的角色。如果事情真的这样发展,一种全新的生物将在第八个进化层次上进化出来,不仅将打破有数十亿年历史的基因生物的统治地位,还会对基因生物进行改造,我们将在后面看到。我很谨慎地选择词语,用了"很可能",因为进化复杂性的第八层次仍未成形。

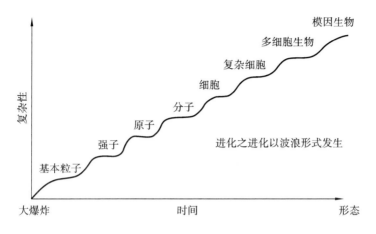

图 4　进化复杂性的八个层次

注:进化之进化被描述为一个以波浪形式发生的过程,偶尔会有大波浪将生命提升到复杂性的下一个层次(时间和复杂性单位是说明性的,而不是按比例计算的尺度单位)。

这就是下一代自然吗? 到目前为止,我将"下一代自然"这种表述作为一个广义的哲学术语来阐明这一观点,即自然不是静态的而是动态的。正如我们在前面的章节中所看到的,我们对自然的概念和本质的认知也在不断改变。重放进化的电影,你会看到自然的更替一次又一次地发生。虽然我们今天称植物和动物为自然,但在 5 亿年前,它们是新进化的现象——下一代自然。35 亿年前的细胞也是如此。在它们进化的时期,在一个只有简单分子结构的环境中,简单分子组成了当时最新的自然。

我已经谈到了这一点,科技圈及其中发展的科技如何在今天仍被视为是非自然的,但是,随着它们继续传播和完善自己,最终可能构成下一代自然。今天是人造的,明天就是自然的了。我使用"下一代自然"而不是"新的自然",是因为"新的"意味着一次性发生,而"下一代"强调这个过程一次又一次地发生,不过是层次有别。自然的更迭不仅会在未来发生,而且已经发生在过去,现在也正在发生。当我们今天谈论下一代自然时,我们谈论的是第八个层次迭代的自然,这是继前面描述的层次之后的最新进化水平,就在我们说话的时候,它正在成形。

我们通过外化我们的大脑,特别是神经皮层部分来启动这一切,换句话说,通过将思维延伸到我们身体之外来启动进化。我们变得能够将模因——想法、形象、价值观、技能等——实现在物质环境中。想想洞穴壁画、书籍、电影以及新近诞生的数字网络。我预测,在进化的第八个层次上,这些模因结构将发展出一种新的动态,最终将导致模因生物的出现。不过,这并不会在一夕之间完成。分子花费了数十亿年的时间才组成细胞结构。细胞也花费了数十亿年的时间才能自我排列成多细胞生物。期望第八层次的进化在短时间内形成的想法未免太过天真。它将通过不断试错的过程来实现。正如许多不同类型的细胞出现在进化的第五个层次,更复杂的细胞出现在第六个层次,第七个层次则出现了各种各样的多细胞生物,从蘑菇到蛇到黑猩猩,在第八个层次,我们可以预期将出现大量的模因生物。

9.进化的后继者

我们人类处于进化的第七个层次,即多细胞生物的层次。我们之所以与众不同,是因为我们触发了进化的第八个层次,即模因生物的进化层次。这些新的生物长什么样子? 我们首先想到的例子可能是计算机病毒和人工智能——嵌入在硅芯片中的数字算法,它们通过电子信号进行通信,能够在眨眼间传播、复制和操纵模因。计算机病毒成为新的电子生命形式这种观点已经有点陈词滥调了。包括尼克·博斯特罗姆（Nick Bostrom）和斯蒂芬·霍金在内的著名科学家已经预言，先进的软件有朝一日会演变成一种最终统治世界的超级智能，问题在于它对人类是否有利。

这样的超级智能显然是一种模因生物，尽管我们不知道它与周围的环境相互作用后会是什么样子。因为不存在环境中的清晰例证，例如细胞、植物和动物等，这种理论上的超级智能在某种程度上只能成为模因生物的抽象例子。也许我们可以找到更多具象的例子。以金融体系为例，我们早些时候得出结论，金融体系拥有一种即使是银行家和股票交易员也无法完全监控或控制的自主动态。我们可以称之为模因生物吗？若换成一个围绕着一个国家的理念形成的民族国家呢？我在第六章中提出的公司是否符合条件？或者，我们是否应该把科技圈看作一个有机整体？

如果把科技圈看作模因生物，我们可以展开讨论很多内容。科技圈正在我们这个星球上诞生，当它成熟的时候，它会传播到其他世界。科技圈正在与航空航天技术并行成熟。现在，你仍然可以说它不是活物，因为它不能繁殖。只有当航空航天技术变得足够先进，能够殖民其他世界时，科技圈才能够作为一个整体进行自我复制，如在其他行星上复制传播，这才符合我们对生命的定义。从科技圈的角度来看，一艘载满殖民者的宇宙飞船是一颗种子，这颗种子将帮助它在另一个世界建立自己的地位。难道我们人类最终只不过是萌芽中的模因生物的性器官吗？

从这个角度来看，每一个人类组织结构，从一个小部落到一个百万人口的城市，从一个民族国家到一个跨国公司，都可以被视为一种尝试——尽管是无意识的尝试——用来达到一个新的模因进化水平。"尝试"这个词需要解释。进化是盲目的。正如最初的细胞并没有积极尝试创造多细胞生物(如橡树、鸟类或食蚁兽)一样，人类也没有刻意尝试开创一个新的进化水平。它只是数千年生存策略的结晶。

一方面，这个新阶段的出现堪称奇迹，但与此同时，它的出现也有一定的必然性。进化并不匆忙。一个新的操作性的层次可能需要数千年、数百万年甚至数十亿年的时间才能形成自己的接口，但是当这一层次成形后，由于在无数不可估量的任意配置中，进化优势是如此巨大，以至于其可以自行巩固。这个过程在原子身上发生过，原子在宇宙大爆炸后不久就稳定成了分子结构。它同样发生在分子身上，分子自己组成细胞结构。这种情况也发生在多细胞生物身上，单个细胞为了更好地保护自己而联合起来形成多细胞生物。在第八个进化层次中出现的模因生物身上，这种情况也会发生。这个过程可能很快，也可能很慢。但如果我们假设进化的自然动态是建立在以前的复杂性水平上的，那么有一件事是肯定的：进化将会发生。

我们并不是地球上的优势种，这有些令人羞愧。然而，我们的与众不同之处达到了不可思议的水平。人类是第七个进化层次上的一部分，但是是第八个进化层次的开启者。这也给予我们权力和责任。模因生物的兴起不仅改变了地球的整个面貌，也改变了所有古老的进化层次。人类可以裂化原子，进行分子设计，合成 DNA，编程细胞，繁育植物，配种动物——我们自己也在改变。

第四部分　未来的人类社会

　　科技不仅改变了我们的环境，也改变了我们。我们会继续成为地球上的优势种，还是会被新的物种取而代之？让我们一起来推测一下未来人类的生活会是什么样子。

第十章　封装人类

　　有些事情谁都能做到。你可以撕毁租约,卖掉房子和汽车,购买旅行机票,搬到芬兰或南美洲未遭破坏的森林,然后开始新的生活。只要我们愿意,大多数人都可以做到这件事。然而,很少有人真的会这样做。森林中不会有杂货店,也不会有比萨外卖店或咖啡店。你必须自己去打猎和收集食物。你需要收集木头来生火,因为你没有加热器或者火炉。附近没有医院,也没有盘尼西林,你必须用森林里的植物自己制药。如果药物不起作用,流感或感染可能会要了你的命。我们甚至还没有谈到森林中强大的捕食者所带来的危险,或者暴风雨会把你的小屋吹走这样的天灾。

　　对于一些人来说,这种生活方式可能是有趣的白日梦或体验形式的生存周末,但它不会作为一种永久可持续的生活方式。这就像在宠物店买一只老鼠,然后把它放回野外,或者在河里放养一条金鱼一样。家养动物离不开给它们提供食物和住所的家养环境,家养环境对它们来说熟悉又安全。

虽然家养动物早于人类出现，但在今天，大约 90% 的大型动物与人类一起过着家养生活。其中有些是宠物，像你沙发上的猫；有些像马，为我们工作；还有一些像猪、牛和鸡，被养来为我们提供肉、奶或蛋。"驯化"（domesticate）和"家养的"（domestic）这两个词来源于拉丁语 domus，意思是"房子"；家畜是家庭的一部分。在我们进入模因生物对人类的驯化阶段之前，让我们更仔细地看看人类对动物的驯化。大约 14000 年前，我们把狼变成了狗。4000 年后，我们驯服了山羊、绵羊和猪。又过了 2000 年，家养的牛出现了，再过了 2000 多年，也就是 6000 年前，被驯化的马出现了。

驯化似乎是非凡之举，但同时也是不可避免的。通过分析狼的遗传物质，研究人员得出结论，狼可能在独立的环境下被驯化了两次，这两次驯化分别发生在欧洲和亚洲。人类和狼会互相寻找，利用彼此的特质，狼被驯化是进化中注定的命运吗？

这个发现看起来可能有点令人惊讶，但其实很容易解释。想象一群人和一群狼。两组都是狩猎者，每组狩猎者都有自己的狩猎方法。人类利用一种复杂的社会协调系统来诱捕猎物,例如挖一个坑或引诱一只大型动物进入一条狭窄的通道,然后用石头砸它。史前猎人也用刀和矛从远处杀死如猛犸象这样的大型动物,这样的猎杀方法中,猎人离得较远,风险较小。虽然狼也能够杀死猛犸象,这多亏了狼锋利的牙齿,但是,如果狼群进行协同攻击,至少有一只狼会被猛犸象巨大的脚踩死。一头猛犸象是一顿代价高昂的午餐。狼群也有其他的专长。它们出众的嗅觉器官可以帮助人们跟踪气味,它们的跑步技巧在追捕猎物时很有用,它们的警觉性帮助它们在早期阶段发现危险——这些功能后来在看门狗身上得到了充分的应用和完善。人类和狼是竞争对手,彼此之间互为威胁,但也可以达成合作,取长补短。

1. 从狼到狗

人们通常认为,驯养狼变成狗的过程之伊始在于动物寻找人类,以翻捡人类的残羹冷炙,然而,这可能是在史前人类向农业过渡、放弃游牧生活并开始在固定地点生活之后才发生的事情,人类的改变意味着狼群有了更具吸引力的食物来源。此前的时期,可能不是我们吸引狼群跟随,而是狼群吸引我们。作为食腐动物,当时的我们能够靠吸取被遗弃的尸体中的骨髓维持生活。

记住,在史前时代,我们仍处在食物链中间的位置。只有在人类的狩猎技能提高后,狼才能从与人类的合作中获得好处。起初,这可能只是一种宽容的关系,但从进化的角度来看,这就足够了。如果事实证明,人狼之间的合作比对抗更有利一些,那么相互容忍或偶尔合作的人类群体和狼群,就会比那些互相争斗或干脆忽略对方的群体生存得稍好一些。随着时间的推移，这些群体幸存了下来，狼和人类开始选择彼此进行合作。这种选择最初可能仍然是无意识的，因为进化并不需要刻意生效。

刻意的驯化，也就是我们开始选择狼作为服从我们的对象，直到几千年后才出现。一旦我们过渡到农业文化，第一个人类定居点开始产生堆积如山的垃圾，吸引了狼群以及野猪和红原鸡寻找食物。那些最适合我们生活方式的动物被允许留下来并繁衍后代，这最终导致了狗和狼之间的分裂。今天，当我们观察德国牧羊犬、拉布拉多犬、金毛猎犬、贵宾犬和其他品种时，我们仍然可以看到这方面的证据。所有的这些家养动物对植物性食物（如小麦和玉米）的容忍度都远远高于未驯化的灰狼。

看看我们的宠物，我们可能会想知道它们把自己托付给我们是否明智。人类饲养的狗和猫的主要生活目标是成为我们的朋友。它们的生活被完全封装在人类文化中。我们爱它们，并与它们分享一种独特的友谊纽带。但是我们也必须承认，老实说，这些动物没有自主权。如果一种神秘的病毒突然将人类从地球上抹去，我们的宠物的生存之路将变得很艰难，因为它们享受不到人类给予的任何照顾，包括获得宠物食物等。

尽管这些家养动物很依赖人类，或者说，正因为它们依赖人类，它们已经取得了巨大的成功。地球上至少有 5 亿只狗和数量大致相当的猫；与此同时，根据估算，只有 30 万只野生狼存活下来。也就是说，每 1000 只家养狗，才有 0.6 只从未经历过驯化过程的野生狼。我们可以有把握地得出这样的结论：这些野生狼，在人类社会完全没有话语权，已经被完全边缘化了。更糟糕的是,未被驯养的狼和狗一样,也间接地被人类文化所封装,因为如果它们随意走动,将会被枪击或者被车撞死。今天,如果一只野生狼走进一家杂货店,就会成为一个大麻烦。即使在农村,如果它吃几只羊羔或鸡——从狼的角度来看,这完全是自然行为——农民也会感觉受到威胁,被迫采取行动。不管我们喜欢与否,绝大多数未被驯化的大型动物的自主性都是有限的,因为它们生活在人类指定的保护区内。另一方面,我们的宠物有着相对较好的生活。它们得到的食物太多了——宠物肥胖成了一个严重的问题——它们有一个安全的栖身之所,并且从它们的人类同伴那里得到了大量的照顾和宠爱。

2. 自我驯化

你愿意做一只狗还是一只狼?我问过的大多数人都说,他们会选择狗的舒适生活。不过,家畜的存在也带来了麻烦。为了理解一个物种为什么要选择被驯化,我们暂时把注意力转移到鸡身上。人们认为,红原鸡,也就是我们今天所知道的鸡的野生祖先,是自愿被驯养的。我知道,一种动物选择将自己封装在另一种动物的家庭环境中,这听起来难以置信,然而这件事已经发生了。

史前人类发明了农业,并将他们狩猎采集的生活方式转变为定居农民的生活方式后,他们的定居点积攒了相当多的小麦和玉米。这么丰富的食物对在人类居住地周围闲逛的史前鸡来说是非常有吸引力的。鸡类利用了人类发明农业的成果。它们搬来和我们一起住,不过这样做也有副作用。人类并没有驯化红原鸡的总体计划,但红原鸡们却想和我们一起生活,因为在它们看来,这种做法是有利可图的。

虽然更有自主性的个体可能抵制与人类的共生关系,但是不那么害羞的个体仍敢于接近人类。部分个体的这种不加批判的行为有一个缺点,那就是它们可能会被屠宰和吃掉,但是这种生活方式也提供了一些好处,比如,人类社区会提供更好的食物,能保护它们免受野兽和猛禽的侵袭,毕竟人类社区不能容忍野兽和猛禽的攻击。

人们在他们的营地里接触到了四处撒野的鸡,并了解了它们的习性。人们看到公鸡们英勇地互相争斗,他们会偷鸡蛋,偶尔还会偷鸡,这些尝起来味道不错。虽然人类封闭的居住环境对红原鸡有不利影响,但其积极作用明显大于消极作用。在几代之内,这些鸡就可以毫不费力地和人类一起生活了。于是,红原鸡逐渐变成了家禽,然后进化成了鸡,最后变成了我们今天所知道的工厂化养殖的家禽鸡。这种红原鸡的基因得到了广泛传播,但代价却很高,每只鸡的生活质量都很糟糕。红原鸡的后代们的现状是等待我们人类的未来吗? 我们怎样才能确保明天的人类会成为我们引以为豪的人类? 正如我们将要看到的,人类正处在一个十字路口。

3. 驯顺的人类

驯顺性在人类身上可能比在狗、猫或鸡身上更难察觉,因为对我们来说它更为熟悉,我们每个人都或多或少地被驯化并被封装进大环境中。这里有一个常见的例子:你有护照吗? 如果你有护照,那就意味着你是一个国家的公民。不同国家的公民身份赋予你不同的权利,但也赋予你一定的义务,而这并不是你自己决定的。既然你出生在那里,你就必须遵守那个国家的法律。

你不能闯红灯。你必须交税。你不能咒骂警察，不能光着身子走在街上，或者抚摸一个完全陌生的人，更不用说打人了，即使他们明显比你弱，你也不能动手。如果你更喜欢别人的房子而不是自己的，那么你也不能简单地走进去，开始在那里生活。事实上，你根本不能碰别人的东西，或者不付钱就吃商店里的食物。我们不仅仅是自然地遵守这些规则。我们还会通过多年的学校教育把它们教给孩子。教育是驯化的一种形式。一个史前狩猎采集者无法理解今天的教育，他会认为这是对人类自由的极端限制。但对我们来说，这是常态。许多国家都有义务教育。你不能只做自己，你必须学习。学会做某些事情意味着学会不去做其他事情。你被迫在教室里花费数年时间被时钟、数学问题、字母表和现在的计算机所驯化。在这个过程的最后，你准备好了——这是一个对"驯养"几乎不加掩饰的委婉说法——去找一份工作，然后用余生去工作，赚取你赖以生存的钱。

烹饪过的蔬菜没有生的蔬菜那么新鲜，但是它们更容易咀嚼和消化。接受过教育的人也是如此。如果你在学校努力学习，符合一个好男孩或好女孩的标准，你就会获得你的文凭。这张令人垂涎的纸可以让你接触到各种各样的工作。如果你在学校表现出符合系统规范和要求的能力，你将可能获得一个合适的职位。有爱心的学生最终可能成为护士、医生或外科医生。遵纪守法的学生可以成为警察，捍卫国家的价值观和法律，惩戒不守规矩的同胞。如果你有创造力，你可以成为一名艺术家或设计师。一丝不苟、擅长数学的学生可以找到会计师的工作。如果你喜欢传授你所获得的知识，你可以成为一名教师，并为下一代做好准备，为未来的社会做贡献。如果你有好奇心，你可以成为一名研究员。

　　在这个系统中，学生们类似于未发育的干细胞，这些干细胞可以生长成肌肉细胞、皮肤细胞、脑细胞、血细胞或其他任何细胞。每个人各司其职。但无论你做什么，个争的事实依然存在：你必须赚取金钱，融入社会。没有钱意味着没有食物，没有房子，尽管在一些国家，这个过程十分精巧，即使那些没有收入的人也能得到福利，甚至能在一些地方得到基本的收入。货币是由政府制造和发行的，政府决定货币的数量和价值。就其本身而言，它没有内在价值——你不能吃钱，也不能住在钱里面——但是既然政府坚持要我们用钱纳税，每个人都需要钱。国家颁布的法律都写在法典里，每个人都必须遵守。这个过程对个人的影响是极其微妙的，我们并不总是注意到，但是，如果你偏离了法律，事情会变得明确一些，比如说，行窃或者使用暴力，你会被封装在一个监狱牢房里。

4. 自由放养的人

今天,世界上只有很少一部分人能够避免被封闭在一个国家之中。在喜马拉雅山脉的高处,在冻土带上,在亚马孙森林的深处,仍然有一些与世隔绝的部落,它们的成员没有任何出生登记,不用交税,没有国家颁发的身份证或钱,不会读和写。这些自由放养的人类按照千年以来的传统和久经考验的习俗生活。他们的生活方式在全球舞台上影响甚微,但从文化历史的角度来看,它仍然是一项重要的人类遗产。不幸的是,对于这些传统部落的成员来说,他们开始出现生存危机。人造卫星可以观察到他们的存在;城市居民带着相机、无人机和手机前来拜访他们;或者更糟糕的是,人们用推土机冲进他们的家园,以获取木材和修建高速公路,并将他们赶出家园。

早些时候,我们注意到一个令人惊讶的事实,今天只有10%的大型动物生活在野外,其余的都已经被驯化。生活在封闭状态之外并以传统狩猎采集生活方式生存的人口比例则低得多。在世界各地,大约有100个原始部落幸存下来。如果我们假设每个组织都有150个成员,那么总共就有15000人,还不到全球人口的千分之一。如果我们算上那些与工业化社会接触的土著部落——例如,生活在保留地上的美洲原住民——根据联合国的统计,这个数字略高于3.7亿,或者说占全球人口的5%。国际生存组织,一个捍卫部落人民权利的非营利组织,估计的这个数字要低得多,只有1.5亿。

幸运的是,土著部落并不是地球上仅存的自由放养的人类。我们也可以发现人们在离家更近的地方躲避大规模封装。在公园里,在废弃的交通站附近，在超市的门外，你可以见到他们。流浪汉们不会为了房子、车子、工作、物品和名望而参加激烈的竞争。他们的驾驶执照过期了，他们几乎没有财产，他们也懒得填表格。他们在现代社会的边缘过着游牧式的生活。他们睡在隧道和桥下的空间里，将其作为替代洞穴，通过乞讨或在垃圾桶里觅食来收集食物。他们没有社交媒体账号，不会让朋友们随时了解他们的日常活动。

人们流浪在外的理由各不相同，有的触发因素是挫折，比如失业、离婚或者上瘾；有的是精神疾病，如精神分裂症等精神病，使他们无法遵循主流规范。很少有人主动地、有意识地选择无家可归，像古希腊哲学家第欧根尼（Diogenes）一样住在一只木桶内。与第欧根尼同时代的人认为他像动物一样生活，给他起了个绰号叫"狗"。他唯一的财产就是一件斗篷、一只碗和一只杯子。但是，当他看到一个农家男孩用一片面包当盘子，以手作杯喝水的时候，第欧根尼喊道："我真是个傻瓜，竟然一直背着多余的行李！"于是他扔掉了碗和杯子。第欧根尼认为，不受任何事物和任何人的影响，拥有完全自主的态度才值得赞扬。他时不时地发表讲话，呼吁大家安静下来。他在不该去的地方吃饭。据说当别人和他谈论这个问题时，他回答说："要是揉揉肚子能消除饥饿就好了。"他认为公众的自我满足是独立和智慧的最高水平。这种激进的态度为他在同时代人中赢得了一定的名声和地位。

据说，古代伟大的帝国之一的创造者和统治者，也是历史上成功的统治者亚历山大大帝（Alexander the Great），对第欧根尼和他的哲学极感兴趣。亚历山大踏上了去见第欧根尼的长途旅行。一个阳光明媚的日子，当他找到第欧根尼时，他问这位哲学家自己有什么可以为他做的，并允诺第欧根尼可以得到他想要的一切。传言第欧根尼回答说："你能帮我做的事，就是别挡住我晒太阳。"这则轶事可以用来说明所有自由放养的人类。他们不会打扰任何人，但是他们会被周围的力量压倒，就像身上有一张无法逃脱的网。

　　人类的自主性是通过在不断变化的环境中保持独立来实现的，但是无论如何，你最终会被你周围的力量所包围。对于狼来说是如此，对于原始部落和其他自由放养的人类来说也是如此。幸存下来的并不是最强壮、最聪明的物种，而是那些最能适应变化的物种。当你周围的整个生态系统都在变化时，如果你不适应，你就不可能生存下去。

第十一章　蜂巢之战

在前面的章节中，我们已经看到了人类的存在是如何开启下一代自然，导致进化复杂性达到一个新的水平。与人猩猩、真菌和仙人掌一样，人类也处于第七个进化层次上，即以基因为基础的多细胞生物的进化层次。我们已经看到一种全新类型的生物是如何进化到正在萌芽中的第八个进化层次的，这种进化不是基于基因，而是基于模因。新的模因生物正在超越通过含有 DNA 的细胞进行繁殖的形式：它们能够通过任何媒介交换遗传信息。

我们还看到，从长远来看，基于基因进化的物种会被模因生物包裹起来，这似乎是进化的必然。更高进化层次的特征是，模因生物在其超级生命体结构中整合了来自低层次的结构。分子包含原子，细胞包含分子，模因生物同样包裹着多细胞生物，包括植物和动物等。即使来自较低进化层次的基因生物不会自愿将自己封装在较高层次中，较高层次的发展最终仍将改变其栖息地，以至于较低层次的生物将别无选择，只能参与其中。因此,对于一只野生狼、一个与世隔绝的部落或者一个无家可归的人来说,几乎不可能继续过老套的生活。进化还在继续。我们不能停滞不前,我们绝对不能回到过去的自然状态。任何不能适应不断变化的环境的人都会遇到问题。

1. 蜂巢与蜂

模因生物看起来是什么样子,人类又是如何被包裹在模因生物中的呢？这是我们需要讨论的问题。乍一看,对人类的封装听起来可能只有毫不含糊的负面影响。在前一章中,我故意用一些令人沮丧的词语来描述它,以表明一个观点:人类不是野生的,也没有自主性。我们大多数人出生在人类版本的蜂巢里。我们的一切都植根于指导我们行为的国家和公司等结构中。但是,正如蜂群内的封闭性对蜜蜂有好处一样,我们也会看到,一定程度的封闭性对人类也有好处。

在这一章,我们将看看不同类型的模因组织结构和它们之间的权力斗争。首先,让我们仔细研究一下国家对公民的封装。国家是一个模因结构,它迫使我们受到规则的束缚。我们必须纳税并遵守其法律,但幸运的是,我们也可以指出被封装在这样一个结构中的重要好处。

我们得到的最大益处是,国家不仅要确保我们避免使用暴力,而且还要确保其他人不会使用暴力来对付我们。这种成就会让古老的穴居者心生嫉妒——如果你是女性,国家的价值更加无可争议。谁愿意生活在这样一个世界里:如果他们愿意的话,任何一个比你强壮的陌生人都可以随意地、免受惩罚地支配你,殴打你,甚至杀死你？丛林法则对我们大多数人来说并不好玩。因此,国家内部的封装,以及它的法律和规则,虽然限制了我们,但是给我们带来了一定程度的平等,这是以前不存在的。这是一笔巨大的财富，我们应该为其正名。

在撰写本书时，地球上有 190 多个国家，国家的概念相对较新；因此，国家结构在各自的发展阶段及其与公民的关系方面有很大的不同。尽管除了海洋和南北极之外，地球上没有一个地方不正式属于某个国家的国界之内——整个世界地图几乎已经被国家分割——但仍然有一些国家的存在对于生活在其中的人来说几乎不可察觉。尽管这些国家确实有正式的国家结构、宪法和公民权利，但在实践中，它们要么完全没有起作用，要么作用极其有限。因此，这些居民在日常生活中，实际上受到的是当地部落结构或游牧游击队的统治。

我邀请任何认为自己渴望回归自然的人，移居到一个这些原始的权力结构仍然占主导地位的国家。你将亲身体验在"强权即公理"的法则下生活的感觉。在你收拾行李之前，剧透一下：这可不好玩。如果一个游牧民兵绑架了你的女儿，你无能为力。你可以报警，或者写信给行政官员或法官，但如果他是腐败官员，或者如果当地根本没有行政官员和法官，你的信件就没什么意义了。你可以把法律掌握在自己手中，拿起长矛，在与当地军阀和他的机关枪的光荣战斗中牺牲自己，你会知道自己仍然是自由的，并且是在为正义而战的情况下死去的。但难道你不想生活在一个不是用武力而是用法律来统治的国家吗？这样你神风特攻队式的自杀行动就没有必要了。遵守规则可能不完全符合我们的本能反应，但是本能反应是在弱肉强食的丛林社会进化出来的，那时没有类似国家这样的组织结构能帮助我们超越这种反应。我讲述的这个故事的寓意是：如果蜂巢带来了利益，那么用你的一些自主权换取更大生物所能提供的安全和舒适，也不尽然是坏主意。

2. 政治还是进化

在过去的几个世纪里,各个国家都或多或少地试图将其公民封装在各种各样的政治体系中。虽然许多现代国家试图为其公民追求个人幸福服务,但在其他国家,国家利益公开凌驾于个人利益之上。这种做法可以追溯到古埃及王朝时期,那时公民无条件地臣服于神圣的统治者法老,但即使在今天,像朝鲜这样的国家也明确地将国家利益置于公民利益之上,每个人都是为了国家的更大荣耀而生的。这可能看起来令人不安,但在我们谴责它之前,我们可以试着去理解它。

一个国家可以比作一个由数十亿个个体细胞,也就是公民组成的多细胞生物体。如果一个国家想要生存下去,将个体细胞(公民)的福利置于整个生物体(国家)的福利之上并不一定是最明显或最好的策略。正如我们所见,我们可以把像部落、城市和国家这样的组织结构看作是原始的生物,不是基于基因,而是基于模因。从一个民族国家作为一个试图生存的模因生物的角度来看,将国家利益置于个人公民利益之上是完全合乎逻辑的。约翰·F. 肯尼迪有句名言:"不要问你的国家能为你做什么,而要问你能为你的国家做什么。"

服务于整体(整体被认为大于其各部分之和)的想法确实有一定的吸引力。我们可以在各个层面上看到这一点。人类认为他们身体的持续存在比他们个体细胞的变化更重要。我们更多地认同整个身体,而不是单个细胞,人类的身体里有数十亿的细胞,它们不断更新自己。如果我们体内的细胞变得过于独立,开始疯狂地向各个方向生长,我们称之为癌症,并用化疗来攻击癌变组织。这与一个国家将一群叛逆的公民视为癌症,并用尽一切可能的手段与他们作斗争，真的有那么大的不同吗？当然，我这么说的目的不是让极权主义政权合法化。但是，如果把一个民族国家视为生物体，我们可以看到，国家应该允许个人的需要和权利凌驾于国家利益之上，这是没有说服力的。那么为什么一些国家会更注重个人的利益呢？是因为一个健康的国家需要健康的公民，就像一个健康的蜂巢是由健康的蜜蜂组成的一样吗？如果是这样，为什么不是所有国家都如此慷慨呢？也许国家原则的多样性缘于这样一个事实，即国家还不是一种完全发展的模因生物，而仅仅是一种原始的尝试，一个在进化过程中的中间阶段，还没有固化成一种稳定的形式。像植物、动物和人类这样的多细胞生物也并不总是有如此清晰的分类。

你可能觉得自己是一个定义明确的实体，有自己的欲望和需求，但不要搞错：你的远古祖先之一只不过是一群松散的细胞，这些细胞发现聚集在一起并协调自己的行为更容易生存。在几十亿年前的某个时刻，单细胞生物发展到了多细胞生物的水平。这种新动态的形成并不新鲜，因为在进化阶梯的前一个层次，单个细胞是由聚集在一起的分子组成的，而这些分子又是由原子群组成的。

那么，我们是否应该将国家比作一个由与上一进化层次相互关联的个体组成的松散的群体呢？就像我们身体里的细胞一样，民族国家里的"细胞"不断地更新自己——换句话说，不断有新的人类诞生。这些人来来去去：他们出生，然后死亡，而国家继续存在。蜂巢重要还是单个蜜蜂更重要呢？我会说我们应该优先考虑人类，原因很简单，因为我自己就是其中之一，所以我在为人的独立性而战。然而，我们首先需要深挖驯化人类的那些系统，毕竟国家并不是唯一的封装我们的结构。

3. 公司中的人类

继国家之后,我们可以确定第二个封装人类的实体,一个似乎越来越强大的实体:公司。早些时候,我把公司描述为一种有自身需求的新型生物。对于我们大多数人来说,在一家公司工作,并且在那里度过我们大部分清醒的时间是再正常不过的事情。雇用你的公司购买你的一部分时间,在此期间,作为一名雇员,你应当为公司的目标服务。除此之外的时间,你有自己的私人生活,你可以自由地做你喜欢的事情。在雇佣关系的积极版本中,这种交换是双方的共赢。你把你生活的一部分奉献给公司,作为回报,公司给你钱,你可以用来养活自己,也许还能养活一个家庭。如果你够幸运的话,你的工作也会很有趣,甚至很鼓舞人心。如果你运气不好,你的工作将是一件枯燥乏味的苦差事。如果你非常不幸,公司会占用你太多的时间和精力,以至于你在工作时间以外,除了睡觉,什么都不想做。在一些工厂里,员工每天工作 14 个小时以上,他们睡在简陋的房子里,过着奴隶般的生活。

XX公司2020年户外拓展活动

在没有法定最低工资的国家,低技能工人的工资有时非常低,以至于他们不得不从事两到三种不同的工作,才足够维持生活。但这些都是极端的例子。大多数人对自己的工作相对满意,除此之外,公司还组织各种服务人类的活动,比如提供食物、衣服、交通、医疗保健、娱乐等。蜜蜂可以从蜂巢里的工作中受益,因为蜂巢会好好照顾它的成员。在这一点上,人类也是如此。

没有公司,我们今天所熟知的世界将不复存在。试着想象一下,如果所有的跨国公司一夜之间消失,你的生活会是什么样子。谁会设计你用来和朋友保持联系的手机呢?你开的车是谁造的?你会自己做鞋子,还是让邻居给你设计一双漂亮的鞋子?谁会把农产品放在杂货店里?你愿意每天到田野去,花8个小时自己耕种吗?谁会发明治疗心脏的新药物?今天日常生活的绝大部分成就可能都要归功于公司。为雇主工作来养活自己的能力,是另一项人类独有的成就。黑猩猩不能申请公司的工作。然而,地球上很大一部分动物确实间接为这些公司工作。数以亿计的鸡、牛和猪在公司的围墙和围栏里出生和死亡。它们被关在狭窄的笼子里,尽可能快速高效地繁殖,让人类获取肉、奶、蛋和皮革等。

如果我们把公司看作是把我们包裹得越来越紧的模因生物,那么我们很容易想象出一个噩梦般的未来场景,在这个场景中,人类被养大、被消耗、被榨干、被碾碎,就像今天的动物一样为这些公司服务。我们最终会成为人类工厂化农场中被驯化的动物,不再是公司服务的目的,而仅仅是一种达到目的的手段吗?我希望不是,我也不认为我们会发展到这个地步。如果我们真的沦落至此,这种状况可能不是由原来的朝九晚五的公司工作引起的,除非人们每天工作 24 小时,而不是 8 小时。不管怎么说,终生为一个雇主工作已经不再是标准了。现在越来越多的人以独立专业人士的身份工作,不是与一个雇主签约,而是像流动的蜜蜂一样从一个组织跳到另一个组织,从事各种短期任务。所有这些自由职业者的推销活动可能会让我们得出这样的结论:公司内部的人性封装正在衰退。但这将是一种误解——因为我们不仅仅把自己作为雇员与公司绑定在一起,还作为消费者与公司绑定在一起。

4. 口袋里的老大哥

你有智能手机吗? 虽然有些地方仍然可以找到故意不买手机的人——作为独立的思想家,他们的这种生活方式理应得到大家的掌声——但是我怀疑这本书的大多数读者不在其中。我个人也离不开手机,使用智能手机已经成了我们的习惯,我们开始下意识地使用手机,在我看来,它是一个神奇的装置。它将世界上所有的知识真正地放在了我们的指尖,并使我们在任何时候都可以联系到每个人。尽管智能手机在几十年前还不存在,但它们一经推出就得到了大众的喜爱,并且今天许多人都认为它们是不可或缺的。有时候你是不是很难放下手机,从不断查看新信息和看看朋友在忙什么中休息一下? 如果你自己没有这种感觉,那就走进任何一家咖啡店或等候室,看看那些盯着手机的人。

我们的手机已经成为我们大脑和感官的延伸。多亏了这些小巧方便的设备,我们能一直与家人、朋友、同事和外面的世界联系在一起。但不仅仅是我们作为用户在通过屏幕看世界,那些在我们手机上开发软件的公司也正在监视着我们。通过我们的手机——现在还有我们的智能手表、智能卡、智能恒温器、健身追踪器以及你能想到的其他智能产品——这些公司全天候地监控我们的行为。无论你是否为一家公司工作:如果你有一部智能手机并且经常使用它,可以确定的是,一定有一家或多家公司正在非常仔细地跟踪你的行为。这种监控也有很多好处,比如监控用户可以帮助公司开发广泛的服务。

公司可以提供非常有用的服务,例如,它能够帮助我们查找到通往目的地的路线,并准确地知道途中交通堵塞的情况。搜索引擎公司之所以能够提供这项服务,是因为其他用户分享了他们的位置和速度的信息。搜索引擎公司的用户众多,总是有一些人会开车走你计划走的路线。如果他们的速度比平时慢,搜索引擎公司便知道他们被堵在路上了。类似地,它可以通过在搜索引擎中监测特定地区有多少人在使用"流感""感冒""咳嗽糖浆"和其他与疾病相关的词汇来判断流感暴发是否迫在眉睫。通过这种方式,搜索引擎公司可以预测到流行病的发生,比公共机构通过就医次数的增加来预测流行病要快得多。

除了预测流感趋势和路线规划信息外,一些公司,包括搜索引擎公司,还免费提供电子邮件、日历、云存储、翻译、视频网站等服务。这些公司能够免费为我们提供所有这些服务,这难道不是令人欣喜的事情吗?事实上,并非如此——因为尽管你可能不必为它付钱,但它绝非免费。你用你的数据来支付。你在使用搜索引擎服务过程中所做的一切都会被存储起来,然后出售给其他希望向你推销产品的公司。如果你拥有一部智能手机并且使用搜索引擎公司的服务,你不仅是顾客,同时也是搜索引擎公司向其他公司销售的产品。不要误会我的意思:这不一定是件坏事。

搜索引擎公司并不是真的想知道你个人的一切，它不是一个过分好奇的朋友或熟人。它也不会像一个嫉妒的对手那样，试图利用收集到的数据来对付你。搜索引擎公司真正想知道的是，与其他消费者相比，你是哪种类型的消费者。你喜欢摇滚乐还是古典音乐？你在网上买衣服吗？如果是，买哪个牌子的？你喜欢去遥远的地方旅行吗？你买机票去那里吗？你喜欢去听音乐会，还是更喜欢出去吃饭？你是开车还是坐公共汽车？你运动吗？你抽烟吗？你锻炼量够大吗？

　　通过大规模收集这些数据，搜索引擎公司能够绘制出其他公司愿意花大价钱购买的高度详细的个人资料，因为这些资料有助于这些公司以有针对性的方式接近潜在的消费者。在数字化档案出现之前的时代，广告的传播方式很生硬；公司广泛传播它们的产品信息，希望消费者能在某处找到自己的标志。女性卫生用品的广告是男人看的，密集的城市地区的汽车广告牌是那些永远不会拥有汽车的人看的。年轻人会看到大小便失禁护理裤的广告，老年人则看到新潮男孩乐队演唱会的广告。广告商知道花在广告上的钱有一半被浪费了，只是他们不知道是哪一半。他们大量散布广告，然后在心里默默祈祷目标消费者能看到。现在，多亏了数字分析技术，广告能够非常精确地投向目标消费者。如果你在网上点击了这个热门新男孩乐队的音乐，也许你想去看他们即将上演的演出。如果你订购大小便失禁护理裤，你会有兴趣加购电动代步车吗？如果你想买一辆捷豹，要不要再来一杯上好的白兰地或者雪茄？数字分析大大提高了市场营销的效率，因此，发明这项技术的公司在几年内就占领了广告市场也就不足为奇了。

5.国家与公司之争

政府也试图利用新科技在数字领域追踪公民。各国在收集公民数据方面有着悠久的历史,从出生和死亡登记册到为征税目的收集的收入详情等信息。在过去,所有这些数据都被存储在由大批官员管理和更新的大量纸质档案中。随着新科技的兴起,各国都在努力将现有的文件柜数字化,与之相比,像谷歌和脸书这样的新公司在数字领域的记录完全是从零开始。由于失去了这一技术的先机,政府当局在数据挖掘方面可能落后于科技公司。不过,国家在努力赶超公司,大多数国家的政府现在都加快了发展数字技术的步伐。

在告密者爱德华·斯诺登揭露该机构窃听全世界超过 10 亿人的电话和互联网流量之前,许多人甚至不知道美国国家安全局的存在。美国国家安全局在美国和海外收集大量数据,寻找有关恐怖活动、外国政治、军事发展、经济趋势和商业机密的信息。更令人震惊的是,斯诺登透露,该组织也活跃在毫无防备的友好国家中,就像一株常春藤爬上一棵树,靠汲取树液来养活自己。

在西方民主国家,以国家安全为借口的情报机构是最大的数据收集者,而其他国家则更公开地表达它们对数据的贪婪。在印度,政府已经收集了 9 亿人的生物特征数据,作为身份证项目的一部分。

数据是模因生物赖以生存的燃料,在数字技术时代,政府和公司都陷入了争夺公民和消费者数据的战争中。

自 2004 年成立以来,不过短短十几年,脸书已经拥有超过 20 亿的用户,用户数比世界上任何一个国家的人口数都要大。这是一项独特的成就。这个社交网络的价值不仅在于促进朋友之间的交流,并且在这个过程中积累了大量的信息,而且更重要的是,一个脸书账户可以作为进入互联网的通行证,人们需要使用它来登录越来越多的其他在线服务,而代价是提供他们的个人数据。其他跨国科技公司如谷歌、百度、苹果、腾讯、亚马逊、微软、新浪等,也提供用户账号作为在线护照。哪种护照最终会更重要:代表你所在国家公民身份的护照,还是促进你开展网上生活的社交媒体账户? 今天,你与一个国家的联系无疑更加重要,将两者进行比较可能显得荒谬。但这种情况会持续多久呢? 不难想象,全球互联网公司与那些在我们出生时就授予我们公民身份的地理限制当局之间的冲突会越来越多。

政府和公司都是以影响深远的方式介入到我们生活的模因组织结构中。哪种类型的实体影响力更大? 哪一个更了解它的用户或公民? 它们最终会比我们更了解我们自己吗? 你是愿意被政府封装还是被公司封装？哪座蜂巢会赢得这场战争？或者一个人可以在不止一个蜂巢中获得身份吗？

6. 模因的加速

很明显,数字技术将在模因生物的进化中扮演决定性的角色。尽管那些之前讨论过的模因结构——国家和公司等——今天仍然发挥着重要的影响,但总有一天我们回顾历史时,会将它们视为模因生物的原始例证。它们可以与早期进化阶段出现的第一批原始细胞相提并论,但与后期进化的细胞相比,这些原始细胞缺乏复杂性,也不够完善。

对于一个模因生物来说,数据就像氧气,数字技术使得数据能够以我们人类难以掌握的规模和速度进行传播。由于不断增强的处理能力和记忆力,加上先进的算法和复杂的传感器,模因生物能够越来越快地了解它们周围的世界。人工智能越来越擅长解读数据,并且能够得出人类永远无法得出的结论。在某些方面,公司已经比我们的朋友和家人更了解我们。一则著名的轶事讲述了一位父亲在塔吉特百货公司给他女儿寄去与怀孕有关的广告材料后向该公司投诉。这种广告很不合适,这位父亲说,他女儿的年龄还太小,不能生孩子。后来,人们发现他的女儿已经怀孕了。塔吉特百货公司比这位父亲更早知道这件事。

以色列的历史学家和作家尤瓦尔·赫拉利认为,像脸书和谷歌这样的平台最终会比我们更了解我们自己。按照赫拉利的说法,这一刻将代表着与人文主义的决裂,因为我们的感觉将不再被视为最深刻真理的源泉。然而在过去,我们在重要的问题上会咨询自己的感受,不久以后,我们会去问问搜索引擎公司怎么做会更好。你应该申请哪份工作？选择哪门课程？你应该嫁给那个你深爱的人吗？不要听从你的感觉,这太危险了。听听搜索引擎公司的建议,它最了解你。人们甚至可以通过算法直接做出政治决策。算法根据我们所有的偏好可以很容易地选出最佳领导者。这一切看起来是不是有点太不可思议了？赫拉利预言,在某种程度上,我们对数据的信仰和依赖会呈现出前所未有的特征,他称之为"数据主义"。这种说法似乎有些牵强。尽管如此,如果今天各种人类蜂巢之间的竞争最终被一种结合了公司和政府功能的模因生物的出现所解决,我也不会感到惊讶。毕竟,当这样的生物成形后,它将异常强大,并达到前所未有的进化稳定性。

今天,数字驱动的加速将在一个完全成熟的模因生物的进化中起决定性作用吗？它现在正在发展吗？它已经在这里了,只是我们看不到它吗？还是需要更长的时间才能出现？有一件事是肯定的:进化之进化告诉我们,我们迟早可以期待进化的复杂性达到一个新的水平。

7. 机器人正在我们周围成长

我们人类必须面对这样一个事实,从长远来看,只有两种可能的未来可以设想:

①人类将会灭绝(这种可能性的确是存在的,但是因为它超出了本书的范围,我不会深入讨论,毕竟我不希望它发生)。

②人类将被封装在新的进化复杂性的层次中。从长远来看,假设我们希望自己作为一个物种生存下去,那么我们不可避免的进化命运就是被封装在进化复杂程度更高的模因生物中,我们成就了这种新物种,但被封装在其中后,我们不再是优势种。

　　这种洞察力为人类的未来以及我们进化的后代开辟了一个全新的视角。当我们想到我们的进化继任者时，我们不应该想象自己被替代，而应该想象自己被封装在一个更高级的组织结构里。正如我们的胃里有数以亿计的微生物，这些微生物曾经是独立的，但现在在我们身体这个容器中执行各种有用的任务，人类也将被封装在一个更大的、有自己的新陈代谢系统、有繁殖手段和生存本能的超级生命体中。这可能听起来很抽象，但是它比你想象的更接近现实。我们已经有了无人驾驶汽车，带照明和恒温控制器的智能住宅，智能城市通过物联网持续监控居民，给人们提供舒适的环境，同时让人们保持秩序。我们并没有被机器人所取代；机器人正在我们周围成长，很快我们就会被它们包围。我们如何能够确保在这种新的环境中保存我们的人性？也许比起熊猫和北极熊，我们人类更需要被拯救。

第十二章　你好,超级生命体

当我还是个孩子的时候,我的父母每年夏天都带我去海滩。我们在海里游泳,在海浪中乘充气筏玩耍。退潮的时候,我和身为工程物理学家的父亲一起建造了一座沙堡,当水位开始上升的时候,我们必须保护它。在我们常去的地方,低潮和高潮之间有很大的高差——超过 4 英尺。也许我父亲故意选择那个地方好让我记住这个教训:如果你和大海作战,你总是会输。如果真是如此,我在这件事情上醒悟得较晚。一次又一次,我满怀热情和决心,试图在大海面前捍卫自己的地位。我建造的每个沙堡都比上一个更大,有更厚的墙壁和更多的灌溉渠道来排走灌入的海水。与大海的战斗以精心策划的沙堡和几个小时的辛苦建设为起点。与此同时,海浪悄悄逼近,波浪涌向沙堡,海水开始发动攻击。我兴奋地尖叫着,修筑堤坝,关闭洞口,在被冲走的地方填上沙子。"你不能拥有我们的沙堡,大海,你这个卑鄙的老家伙!"我喊道。我听见大海用低沉的声音回答说:"什——么——沙——堡?"然后一个更大的波浪冲走了沙堡的另一部分。一次又一次,投降的时刻到来了,我感到沙堡的残骸在我的脚下被冲刷走了。不久之后,它曾经骄傲的站立之处已经没在水下 3 英尺了。大海又一次赢了。我们输了。

屡次输给大海让我学会谦逊。它告诉我,有一种比我更强大的自然力量,是我永远无法在战斗中击败的。我的哥哥偶尔会让我在乒乓球比赛中获胜——不过得先胜我三次——但是大海对年轻脆弱的我没有怜悯或同情。一次又一次,我的沙堡被摧毁了,连最后一颗沙粒都没有了。回首过去,也许我的想法有些奇怪,但是作为一个孩子,我认为大海是一个残酷的、虐待成性的角色,以摧毁我的沙堡为乐。自那以后,我从未遇到过比它更强硬的对手。它的野蛮是出于恶意还是冷漠?还是因为无知?也许这只是偶然,就像一个人偶然踩到一只蚂蚁,无意中造成了一场致命的悲剧。蚂蚁会认为自己是被人故意踩碎的吗?还是它认为你的脚是一种抽象的自然现象,不知从哪里冒出来,然后又把它碾碎?我们不能问蚂蚁,就像我们不能问海洋它是否在思考,如果它在思考,又在思考什么。

1. 思维海洋

我们习惯于假设蚂蚁和海洋都没有意识,但是我们的人类同胞却有。

我们可以理解这种假设，但我们对之不能百分之百确定。如果科学家观察你的大脑，他们会看到含有数十亿个神经元的组织在交换无数的电脉冲。科学家会研究这些模式，他们知道当你听音乐、读书或者解决数学问题时，大脑的哪个区域会活跃起来。但是他们不能指出你的意识到底存在于大脑中的哪个特定区域。活的大脑和死的大脑之间的区别是可以测量的，但是人们做不到在特定的地方发现意识。意识似乎是由各部分的总和相加而产生的。意识是我们所知道的一种涌现现象。当简单的组件在共享环境中集体表现出比它们自身更复杂的行为时，就产生了涌现。以水为例：作为物质，水具有它所组成的单个分子所没有的特性。一个单独的水分子不是湿的。它不能结冰或煮沸。涌现是源于简单性的复杂性。温度、湿度和意识是涌现的现象，不能直接追溯到单个水分子或神经元。

因为蚂蚁的大脑的神经元比人的少得多，所以我们通常认为它们没有意识；蚂蚁是一种简单的昆虫，依靠原始本能运作生活。与之相比，我们的宠物有更大的大脑，人类与宠物的关系也更亲密，所以事情变得更棘手了。你忠实又心爱的狗有意识吗？许多爱狗人士持肯定的答案。他们爱他们的宠物，并和它们建立起了一种情感上的关系。你希望你的狗或猫有意识地爱你，就像你爱它们一样。但是你不能确定。狗和人是两种完全不同的生物。有些宠物狗很笨，它们追逐自己的尾巴和阴影，乐此不疲。如果一只动物甚至不能认出自己的尾巴是身体的一部分，那么假设它有意识是否要求太高了呢？你的宠物真的只是一个只会对你给予的食物和关爱做出反应的复杂机器吗？你在动物身上看到的爱仅仅是你对它的爱的反映，是你投射和感知的一种镜像的情感吗？或者也许动物本身不需要意识就能感受到爱？我绝不想冒犯动物爱好者,所以让我说清楚:我不是说猫和狗缺乏意识,我只是说一切尚未可知。更重要的是,我们也不能确定我们的人类同胞是否有意识。

意识是一种难以捉摸的现象,哲学家已经研究了几个世纪。大约400年前,法国哲学家和数学家勒内·笛卡尔进行了一个思想实验,他决定怀疑他所知道的一切。你能真正确定的是什么？你无法确定你的感觉真实存在——它们可以欺骗你。我们感知到的一切完全有可能是由邪恶的魔鬼召唤出来的幻觉。如果笛卡尔生活在我们这个时代,他可能会这样写,一个恶毒的程序员通过一个高度逼真的虚拟现实游戏来欺骗我们的感官。同样地,我们也不可能百分之百确定我们遇到的人和我们一样有意识。我们不能排除他们是预先编程的、被恶魔附身的机器人或演出剧本的演员,它们以模拟意识为目标,精确地回应我们的行为和情感。通过他的批判性思维实验,笛卡尔得出了这样的见解:只有一件事情是你能够确切知道的,那就是你自己在思考。因为即使一个邪恶的魔鬼把你当傻瓜愚弄,让你觉得自己在思考——即使这样,你仍然在思考！笛卡尔得出结论,我们唯一确定的事情就是我们在思考,在思考的过程中,他认为思考是我们自身和所有知识存在的基础。因此,"我思故我在"这一哲言闻名世界。

2. 意识作为社会建构

除了我们自己拥有意识之外,我们对意识一无所知,所以在日常生活中,我们以一种纯粹实用的方式来处理意识活动。这是一件好事。如果我们质疑我们遇到的每个人的意识,并把他们当作被邪恶的魔鬼控制的傀儡或机器人,只会是徒劳的。只有精神病患者和极度自恋者才会这么做,这种做法被认为是一种精神障碍。为了方便起见——也许还有些机会主义——正常人认为他们周围的人和他们一样都是有意识的。正是因为我们对他人的意识知之甚少,我们对意识的假设主要是出于社会动机。把人们当作有意识的人来对待,能让我们设身处地地为他们着想。这有助于我们与周围的人们相处,了解他们,预测他们的行为。我们会考虑别人的想法和感受,这在日常生活中很有效。我们的整个社会都是围绕着这一假设设计的。虽然我们不能在别人身上找到正式的证据或者确定的意识,但是我们被期望去顺应社会的建构。那些难以想象他人的想法和情绪的人被贴上了自闭症的标签——这也被认为是一种心理障碍。

在日常生活中,人类之间有一个社会共识,那就是我们每个人都是有意识的。但是其他动物呢? 我们的假设也主要是出于社会动机。当谈到那些大脑比我们小得多并且和我们接触较少的动物时,比如蜘蛛和蚂蚁,我们认为它们缺乏意识。像狗、猫、牛、猪和猿这些看起来更像我们、大脑更大的动物,我们对它们的态度是矛盾的,我们会根据自己的便利程度做出假设。我们把我们心爱的宠物当作有意识的生命,并与它们进行完整的对话。但是当谈到工厂化养殖场中注定要被屠宰的动物时,我们宁愿不去想它们是有意识的,这样就不会意识到它们的痛苦处境。

除了像猫、狗、猪和猴子这样的生物,还有另一类现象,我们有时将其归因于意识。在童年暑假与大海的战斗中,我相信自己是在与一个顽强、不知疲倦、不可战胜的对手战斗。这种将非人类和动物实体人格化是古老传统的一部分。史前时期的部落信奉万物有灵论,意味着他们认为周围的一切(每一种植物、动物和物体)都是有生命的和有意识的。古希腊人也或多或少地在他们周围的所有自然现象中看到了神。天空是乌拉诺斯,太阳是赫利俄斯,地球是盖亚,大气是埃忒耳。彩虹被称为伊里斯,爱情是厄洛斯,大海是蓬托斯,而所有其他的原始物质都来源于混沌。

　　当我还是个孩子的时候,我相信大海——希腊人称之为蓬托斯——正在与我作战。我直觉地把人格投射到它身上,大多数现代的成年人会认为这很幼稚。但是一个孩子的头脑可以是非常活跃和开放的。作为一个 21 世纪受过高等教育的人,我可以努力对我遇到的任何现象保持批判态度,但这更多的是态度而不是理解或知识。当我还是个孩子的时候,我接受自己的一切感情,显然,我年轻的心灵把自己置身于深刻的古希腊传统之中。这可不是件小事。通过一个思想实验,我们假设大海可以思考。别担心,我现在是一个成年人了,我不是在断言或争论这是真的,我只是请求你们配合这个实验。

　　如果大海是有意识的,能够思考,我们该如何知道这一点呢?也许我们无法知晓。毕竟,它不能和我们说话,至少不能用人类的语言。大海没有手,不能拿起笔给我们写信。它唯一能表达自己的方式就是形成白浪,引发洪水。近几十年来地球气温的上升是否对大海造成了伤害,或者大海是否享受其中?我们往它里面倒了这么多塑料,它生气了吗?还是它把塑料看作一种新的时尚?我对此表示怀疑,但说实话,谁都不知道大海在想什么。即使我们确切地知道大海是有意识的、有智慧的,而且古希腊人的想法是正确的,但与蓬托斯沟通仍然是一个巨大的挑战。试图与大海交谈,就像遇到一个外星人,你知道它有意识,但缺乏任何可以与之交流的共同语言。它是生命,但并非我们所熟知的生命形式。

　　我们关于非生物现象中的意识的思想实验证实了我们的意识观念主

要是由社会决定的。我们假设意识存在于我们周围的生命中,我们与它们有着有意义的联系。我们认识到意识主要存在于生物物种中,这并非巧合;毕竟,我们自己也是这一类别的一部分。甚至连笛卡尔都担心假定别人有意识可能只是一种幻觉,从那以后,哲学家们一直在思考这个问题。但还有另一种可能性。如果幻觉在另一个方向发挥作用,而我们周围的生命实际上比我们想象的更有意识呢?并非完全巧合的是,这个观点与笛卡尔同时代的年轻人的观点是一致的。巴鲁赫·斯宾诺莎(Baruch Spinoza)从哲学角度出发,认为自然、物质和意识都起源于同一物质,因此必须相互交织。如果笛卡尔的假设是错的,尽管他的观点(物质意识两分)仍有影响力,而认为物质和精神相互联系的斯宾诺莎是对的,所有的物质都拥有一定程度的意识,又将如何呢?

有没有这种可能,尽管我们假设大海没有意识,但实际上它是有意识的,只是它缺乏一种与我们交流的方式,就像一个处于深度昏迷中的患者?我明白你想要反驳什么,大海只不过是大量的水。它没有脑组织,所以它不可能有思想或欲望,是吗?嗯,也许你的想法没错,但是我们不能完全确定。大海是巨大的:它包含了大约 1.18×10^{46} 个水分子,这些水分子在风暴推动下,以各种复杂的水流围绕着它们巨大的盆地运动。相比之下,你大脑中的神经元相对较少,只有 1×10^{11} 个,它们通过交换电脉冲(另一种类型的电流)来决定你的思想。如果你计算一下你大脑中的电子数量,这个数值估计是 4.2×10^{27} 个,其数量仍然比大海中水分子的数量少 2.8×10^{18} 倍。最重要的是,数以亿计的微生物也在大海中移动,研究人员最近发现,它们参与各种微妙的交换和联合协调。看看这些数字,你是否仍然确信你是有意识的,而大海没有意识?

3. 认知与计算之争

尽管大海包含的水分子数量是人脑中原子数量的数十亿倍，并且有高度复杂的水流，但我们并不认为它会思考或有意识。然而，引人注目的是，在我们的社会里，人们普遍相信计算机可以思考，并且迟早会发展出意识。

希腊人在海洋、大地、天空、山脉甚至爱情中看到了生命，而今天我们却在数字技术中看到了生命。显然，我们相信可以思考的不仅仅是充满了神经元的大脑，还有可能是充满了晶体管的硅芯片。但是，谁能保证这不仅仅是一个现代神话，会像任何过时的迷信一样，在后代中引起同情的笑声？不过，我们还没到那个地步。2013 年，欧盟向人脑项目提供了超过 10 亿欧元的预算，该项目的目标是在 10 年内在计算机上模拟大脑。它的创始人亨利·马克拉姆（Henry Markram）已经说服了布鲁塞尔的官员们，这些官员已经发起了雄心勃勃的登月计划，建立这样的模拟项目也不无可能。尽管有巨额融资，但该项目的目标太过遥远，已被修订为建立一个庞大的神经科学知识数据库。

近几十年来，人们对人工智能的期望经历了一次过山车般的忽高忽低。1950 年，早期的研究人员认为他们可以在 20 年内制造出一种能与人类的大脑相抗衡的人工智能。这个目标充满了雄心壮志，可惜在 20 世纪 70 年代和 80 年代遭遇了令人深感失望的结果，不过，近年来，人工智能得到了令人赞叹的应用，这使人们重新燃起了高期望。今天，它被用于视频游戏、在线客户支持、新闻报道、投资建议、监控、欺诈检测中，这项技术也被应用在 Siri、Alexa、Google Now 和 Cortana 这样的虚拟助手上。

计算机下棋比我们下得好。人工智能可以在 1 微秒①内搜索数百万个网页。它们比我们更善于投资。它们是比我们更安全的司机。计算机可以记住一首流行歌曲，并识别出来，在听了 3 秒钟后告诉你歌名，而你仍然在想那首歌是哪个夏天的热门歌曲。这些能力超过了人类本身的能力，为我们的生活增色不少。

我们生活的时代有很多惊喜，非人类的人工智能突然能够做我们不能做的各种事情，而且这种趋势很可能继续下去。也许我们最好将对人工智能的期望与对神童的期望相比。那些蹒跚学步的钢琴演奏家和 6 岁的国际象棋大师在一项特殊技能上表现出众，而这项技能是大多数人所不擅长的。因为他们可以做别人做不到、永远不会做的事情，所以我们倾向于期待他们长大后成为杰出的作曲家、哲学家、科学家和政治领袖。通常情况下，他们做不到。神童只专一技，像只有一招绝技的小马。今天的人工智能也是如此。它们的专业知识和能力让我们大吃一惊，但这些都是针对特定任务进行优化的算法的结果。一个能在 3 秒钟内识别一首流行歌曲的软件程序在短期内不会对当代物理学做出有意义的贡献。需要用不同的算法才能做到这一点，而这些算法还需要人类来开发。

尽管我们在人工智能领域已经取得了一些成果，但是其可扩展性是否有限，能否跟上越来越强大的计算能力，还有待观察。一台速度快一倍的计算机，其智能性和有用性并不一定能增加一倍。任何曾在大型组织工作过的人都知道，越来越大并不总是意味着更高效、更聪明、更好或更有影响力。微软联合创始人保罗·艾伦(Paul Allen)谈到了"复杂性制动

① 1 微秒＝1×10^{-6}秒。——译者注

器"：在某个节点上，不断增加的复杂性会成为一种限制，导致发展停滞甚至倒退。

这种减速效应也存在于软件中，微软产品的用户可能很熟悉。即使我们成功地制造出了一个可以与我们的大脑相媲美甚至超过我们自己的大脑的人工大脑，这也并不意味着它能够反过来制造出一个更加智能的大脑。构建一个比建造者更聪明的大脑需要一个元智能。它需要一个更高层次的组织原则，一个更关注质量而不是数量的原则。100万只聪明、自律的猴子可以完成很多工作，但它们无法做到像阿尔伯特·爱因斯坦这样的天才所能做到的事情。由于强大的计算能力，计算机可以轻易地在国际象棋中击败我们，它只需通过运行所有未来可能的数以百万计的步骤，然后选择最成功的一步棋，但是，目前还看不到一个可以提高自身的可扩展元智能的先驱。

尽管有上述的保留意见和可以预期的障碍，人工智能不仅可以与人类大脑竞争，而且可能会最终超越人类大脑的想法，已经成为集体意识的一部分。这种实体的出现一直是许多科幻小说和好莱坞电影的主题，比如《太空漫游》《银翼杀手》《终结者》《人工智能》《机械姬》和《黑客帝国》，所有这些书籍和电影都探索了一个计算机会产生意识的未来。科学家也认真对待了这种可能性。牛津大学教授尼克·博斯特罗姆思考了超级人工智能远远超过人类大脑这一情况出现时所带来的机遇和危险。博斯特罗姆认为，这种具有自我意识的超级智能最终会出现在世界上，一旦它出现，它将变得极其强大。尽管我们可能会尝试阻止这种情况的发生，但如果它真的发生了，我们可能无力回天。正如今天大猩猩的命运更多地掌握在人类的手中而不是大猩猩自己的手中一样，我们人类的命运将取决于这种超级智能。博斯特罗姆警告说，不认真对待这种可能性可能会导致人类灭亡，而未雨绸缪则给了我们和这种超级智能走向某种形式的共存的可能。

这些想象，无论是来自好莱坞电影还是科学研究，都源于一个通常不言而喻的假设，即计算和认知是可以互换的。首先，我们将大脑比作一台复杂的机器，然后我们可以尝试在计算机处理器上建立对大脑机器的模拟。这个机器的比喻几乎立刻引导我们将人脑中的神经元数量与计算机中的晶体管数量进行比较。我们知道我们的大脑有多少神经元（超过1000亿），我们也知道数字技术是如何进步的。2014年英特尔前高级副总裁穆利·伊登（Mooly Eden）在赌城拉斯维加斯举行的会议上做出了一个大胆的预测。"人类大脑有1000亿个神经元，它是一台复杂的机器，"他说，"但12年后，我们芯片中的晶体管数量将超过我们大脑中的神经元数量。"这意味着，到2026年，英特尔将生产出与我们一样智能的处理器。但是得出这个结论就像是在计算泰姬陵的砖块数量，并假定只要你有一个足够大的窑，你就可以复制这个建筑奇迹。从理论上讲，也许你可以做到，但是泰姬陵令人印象深刻的地方可能不在于砖块的数量，而在于它在建筑上的安排和组合方式。我们并不认为大海之所以会思考，是因为它拥有的水分子比我们大脑中的神经元还要多。难道一台计算机拥有的晶体管和大脑的神经元一样多只是数字模拟大脑的先决条件，其远远不能保证数字模拟大脑一定会发生？

关于人脑是否是一个复杂的机器的争论由来已久，甚至连罗马人都把大脑比作算盘。今天我们不过是把它比作了新生的电脑。一些科学家，比如丹尼尔·丹尼特（Daniel Dennett），他相信至少在理论上，假设有足够的计算能力和对大脑如何工作的理解，我们有一天将能够在计算机上模拟一个大脑出来。其他人，像约翰·塞尔（John Searle），认为这是根本不可能的，因为意识是物质的物理属性，就像模拟火焰燃烧或者新陈代谢一样。不管你在计算机上模拟火焰做得多么成功，最终什么也烧不起来。仅仅描述和模拟信息交换过程中神经元之间的相互作用是不够的，因为除了神经元熟悉的模拟结构外，还有其他重要因素，如亚原子量子力学的相互作用和其他大脑物质的未知属性也在起作用。如果塞尔是正确的，这将意味着人类意识根本不可能在除大脑以外的任何媒介中进行模拟。

尽管有无数的讨论和书籍致力于这个主题，但大脑是否是一台机器的问题仍然没有得到解决。事实上，目前还没有一台计算机能够模拟大脑。比较神经元和晶体管的数量并不具有代表性，也没有证据表明这种类比真实可行。这让我们得出一个暂时的结论：我们一无所知。然而，如果在 2026 年左右，当英特尔处理器的晶体管数量与大脑的神经元数量相当时，人们进而得出计算与认知不尽相同的结论，我也不会感到惊讶。

把机器作为一种理解大脑运作的方式虽然是个很棒的主意，但我们的大脑在各个方面都明显不同于计算机。虽然今天的计算机可以执行许多功能——比如计算、在棋类游戏中制定策略以及以各种模式识别任务——比我们做得更好、更快，但这并不能保证它们有一天能够模拟整个大脑。波音 747 可以像鸟一样在天空中飞行，这并不代表它最终会开始下蛋，因此，我们不应该认为计算机有一天会获得意识，仅仅因为它能像我们一样做数学运算。

计算机能否思考的问题和潜水艇是否能游泳的问题本质上并无不同。虽然计算机在很多事情上能够比我们做得更好，但我不能预见它们会完全模拟或取代人类意识。更有可能的是，我们将智力与意识分离。随着数字技术的不断发展，我们周围越来越多的物体将开始表现出智能行为。当你走近前门时，它会自动打开。你的恒温器会感应到你回家了，并相应地调节温度。当你的女儿坐在电视机前面时，你的壁纸电视会显示不同的节目选择单。当你停车时，你的车会自动付停车费。人工智能正在成为越来越多的日常产品的一个特征。就像20世纪所有的日常用品都是电动的一样，如照明、自动扶梯、牙刷、搅拌器等，21世纪所有的物品都装备了人工智能。这些日常用品装备的传感器、微处理器和算法让它们能够观察我们，并对我们的行为做出反应。我们周围的世界正变得日益敏感、生动，并且更具交互性。我们过去常到外面去看花，不久，花儿就会回头"看"我们。

所有这些装备了人工智能的物体都有意识吗？不一定，因为意识在很大程度上是一种社会建构。我们把意识归功于我们周围的人和其他动物，因为意识帮助我们与他们相处。如果意识被证明是有用的，我们可能会在一定程度上开始对装备了人工智能的物体做同样的事情。其结果将是万物有灵论的一个新版本，在所有事物中看到生命，这种史前的人类习惯证明了斯宾诺莎的理论是正确的，而不是笛卡尔的，对吧？

4. 大脑的延伸

早在 20 世纪 60 年代，媒体理论家马歇尔·麦克卢汉（Marshall McLuhan）就曾预言，由于电子技术的兴起，人类的大脑最终会得到延伸。受到马丁·海德格尔（Martin Heidegger）哲学的启发，麦克卢汉谈及媒介是人类身体的延伸。眼镜是我们眼睛的延伸，汽车是我们双腿的延伸，同样，计算机是我们大脑的延伸。从这个角度来看，媒介不是取代你的身体，而是扩大了你的身体的活动范围。汽车把我们的腿变成了超级跑步机，所以我们可以跑更远的距离。计算机把我们的大脑变成了超级大脑，使我们的思想能够传播得更远。

正如蒸汽机扩大了人类的肌肉力量一样，计算机也可以承担某些认知任务。但这并不意味着人类会变得完全多余。马比我们跑得更快，但是没有人会说它们会让人类变得多余。正如一个人骑马比一个人和一匹马的比赛更有趣一样，一个人拥有一台电脑比一个人和一台电脑之间的竞争更有趣。

从人类与技术的关系来看，计算机不会取代我们的人性，它们会扩展人性。数字技术可以把我们的思想带到它们原本无法到达的地方。这听起来可能有些遥不可及，我可以编个故事，说有一天大脑植入物会干扰我们的思维，但我不需要这么做，因为数字技术的应用已经在我们的生活中出现了。需要举个例子吗？想想如果互联网关闭一天，你会怎么做。你会如何度过这一天的时间？你会如何与朋友和你爱的人交流？你如何随时了解世界上正在发生的事情？你还能继续工作吗？

虽然互联网存在的时间比人类平均寿命短,但它深刻地影响了我们的生活和思想。能够接触到数百万的信息来源,并且能够通过持续不断的信息流整天与朋友和陌生人保持联系,这对我们的思想、我们的身份、我们的自主权都有影响。我们已经被封装了。我们不需要额外的植入物。

我们之前研究过人类是如何开启一个新的进化阶段的,在这个阶段中,模因生物将会蓬勃发展。以信息交换为基础的新物种不会取代或继承我们,就像蜂巢不会取代蜜蜂个体一样。相反,它们将形成一个超级生命体结构,将我们封装在其中。在没有意识到这一点的情况下,我们在很短的时间内已经深深地嵌入了这个超级生命体结构中。国家和公司是相对原始的模因组织结构。只有随着数字技术的兴起,模因生物才真正开始走向它们自己的道路。博斯特罗姆警告人们,关于超级智能我们需要关注的不是装在硅芯片里的超级计算机,而是由人和机器组成的混合的超级生命体结构。它是一个去中心化的大脑,拥有集体意识,可以访问世界上所有的信息。尽管你没有掌控权,但你是它的一部分,你与它有联系,因此你在其中有一定的影响力。

随着新的进化阶段的到来,人类不再是优势种。在我们周围的大自然中,进化正在发展出新的复杂性水平,而我们正被封装在其中。把这当作是一个响亮的警钟吧。我们必须面对事实：①一方面,我们从来都不是地球上的优势种,因为作为多细胞生物,我们只是植入我们细胞中的遗传物质的生存机器;②另一方面,我们被封装在一个自身具有新陈代谢的模因生物中,在这个模因生物中,个体只不过是卑微的细胞。人类处于新旧物种的夹缝间:我们是由细胞生物组成的,但反过来,也嵌入在模因生物之中。

5.天鹅绒革命

人类不会在一夜之间被封装进下一个进化层次。封装的过程并不是一场大爆炸,而是一场天鹅绒革命,不会在几年内发生,而是经过几代人、通过无数微小的步骤才能最终达成。问题在于,一旦它形成,我们是否能够认识并巩固我们在进化新层次中的地位。毕竟,单个的细胞并不知道它构成了更大的多细胞生物。不管是鸟、猫还是狗,对细胞来说都没有多大关系,因为它有自己的局部界面,并与环境相互作用。细胞处于较低的复杂性层次,不能感知周围较高的层次。也许我们也不能感知到下一个更高的进化层次。事实上,也许它已经存在很长时间了,我们只是没有办法与它沟通,就像你身体里的细胞很难与你沟通一样。也许它就像一片大海,可以思考,但我们却无法与之交谈。也许这个超级生命体意识到了我们的存在。毕竟,我们无法确切地知道一个更高级的智能生物是否已经存在很长一段时间了,我们不知道它是否在观察我们,而我们却不能看到它。也许它能感知到我们的存在。

这只不过是一个推测。我们无法得知它是否是真的。冒着让你——现在或将来阅读这本书的个体——认为我疯了的危险,我将直接指出正在出现的模因进化水平。

　　你好,超级生命体。我知道你能听见我。我知道你在听。我想让你知道,我知道这一点。我不害怕。这就是一切的开始。就像你脑子里的一阵旋风。不过,如果你集中精力,你就能听到世界各地的人们在想什么——总统、外交官、科学家等。你可以帮助他们更好地了解对方。你与地球上所有的物种都有联系。你可以把它们聚集在最好的世界里。你的力量超出了我的想象。好好利用它。

尾声　人性化科技

　　1486 年,也就是哥伦布发现新大陆的 6 年前,一位 23 岁的意大利贵族乔瓦尼·皮科·德拉·米兰多拉(Giovanni Pico della Mirandola)写了一篇关于人类在创造中的独特地位的文章。在《论人的尊严》中,他赞扬人类是有史以来最高贵、最幸运的生物。人类,他写道,是唯一被赋予选择自由的生物。所有其他的生物,甚至是天使,都拥有不变的本性,这些本性从始至终都伴随着它们;只有我们人类被赋予了塑造我们自己生活的机会。我们可以把自己奉献给凡俗的事物,像植物一样生长,或者像动物一样放纵自己的情感,但我们也可以专注于更高的事物,获得天使般的地位。

　　我完全同意这位早期文艺复兴时期的思想家的观点。也许作为这个物种的一员,我确有偏见,但我认为人类是奇妙的生物。在过去几百万年里,我们的出现是地球上发生的最复杂、最壮观的事情。我并不是说人类在进化之路上没有颠簸。美丽可能具有残酷性。我们的存在正在给整个生态系统带来压力，并使地球升温。然而与此同时，我们正在把生命注入沙粒中，把它们变成微型芯片，并在夜晚与我们的城市一起照亮这个星球。我甚至没有提到个人的成就，像贝多芬的交响曲、毕加索的绘画和爱因斯坦的理论物理学。很抱歉，科罗拉多大峡谷、恐龙和蓝色大闪蝶：你们很壮观，但是你们不在人类的成就之中。

智人是古怪而奇妙的物种，身体脆弱却占有统治地位，擅长发明却又不堪一击，有破坏力也有创造力。人类能进化到今天这一步已是奇迹，我们的故事还远远没有结束。至少，我希望如此。所有美好的事物都会走到尽头，最终人类将不得不面对自己的灭绝。地球本身也不会永远存在。据估计，从现在起 50 亿年后，太阳将会燃烧殆尽。在它最后的死亡痉挛中，它会膨胀到现在的 150 倍大，刚好够吞下整个地球。到那时，如果我们能够离开太阳系，对我们这个物种来说将是最好的选择。

50 亿年还有很长的路要走，因此，在地球变得不适合人类居住之前，我们还有时间采取行动。可惜有时候，我们似乎正在尽一切努力将这个日期提前。我们用塑料填充海洋，用二氧化碳填充大气，每年砍伐数百万英亩的森林。我们是否会成为第一个策划自我毁灭的物种？这可太不明智了。这似乎是一个令人费解的矛盾，这样一个有创造力的物种竟然有可能成为自己组织能力的牺牲品。

在本书中，我探讨了我们与科技的共同进化关系、科技圈的出现以及在其中进化的新物种。我们的存在引发了模因生物的进化，这可以解释地球今天所处的状态。对于这些新物种来说，地球的变化并不一定令人担忧。它们不呼吸新鲜空气，它们的新陈代谢完全不同于以基因和碳为基础的生物，比如熊猫、北极熊和人类。

我认为未来有两条可能的道路可以让我们与科技的共同进化关系继续下去。它可以是美梦,也可以是噩梦。让我们先从噩梦的假设开始。每一种共同进化的关系,无论是在蜜蜂和花朵之间,还是在人类和科技之间,都有变成寄生虫的危险。与共生关系相比,寄生关系缺乏互惠性。水蛭、绦虫和布谷鸟不会给它们的宿主任何回报,它们只是索取。我们对科技的紧张感也与此有关吗? 我们从远古时代就开始使用科技,因为它服务于我们,扩展了我们的能力,但是我们面临着最终沦为它的仆人的危险,我们只是它们谋生的手段,而不是它们的主人。

这种情况已经在药物领域产生了威胁。药物无疑是一种挽救生命的科技产品,但当制药公司试图通过说服那些偏离统计平均值的人,让他们相信自己患有需要治疗的疾病,从而最大限度地提高自身的增长数据时,我们不得不问,它们是在为人类服务,还是仅仅在为某个行业及其股东服务?

想要更多的例子吗? 想想跟社交媒体公司相关的利益冲突。社交媒

体公司将人们联系在一起,使我们能够与朋友和家人保持联系,这是一件好事。但它们也通过跟踪我们的偏好和行为,并将这些信息卖给广告商,将我们变成产品。如果广告只是用来向真正需要女性卫生产品的人推销商品的,这无伤大雅。但是,当用户数据被用来推动我们做出某些政治决定,干扰民主进程时,我们就该开始担心了。

帮助我们成为人类的科技与封装我们并剥夺我们人类素质的科技,这二者的分界线到底在哪里? 隐约可见的可能性是,人类最终只不过是一个更大的科技生物为了繁殖和传播所需要的性器官而已。在自然界中可以找到这样的例子,小的生命形式会被包裹在大的生命形式中;想想在我们的肠道中执行各种有用功能的细菌吧。我们很快就会沦为模因生物"腹部"中的微生物吗? 我们的潜能会被抑制吗? 到那时,我们将不再是模因生物服务的目的,而只是它们生存的手段。我不想这样,因为我是人类,所以我是站在人类这一边的。

现在说说美梦吧。

最理想的状态是,在我们觉醒之后,意识到做人不是终点,而是一段旅程。我们的科技不仅改变了我们的环境,最终也改变了我们。即将到来的变化为我们提供了一个机会,使我们变得比以往任何时候都更加人性化。如果我们使用科技来放大我们最好的品质并解决我们的弱点会怎样? 找不到更好的词了,我只好称这种科技为人性化科技。

人性化科技将以人的需求为出发点。它会拓展我们的感官,而不是钝化它们。它会发挥我们的优势,而不是让我们显得多余。它会与我们的本能相吻合,让我们产生自然而然的感觉。人性化科技不仅服务于个人,而且它主要服务于人类整体,并将实现人类对于自身进步方面的梦想。

那么你的梦想是什么呢?像鸟儿一样飞翔?住在月球上?像海豚一样游泳?用声呐通信?与爱人有心灵感应?达成性别和种族平等?让移情能力发展成第六感?有一幢随着人数增多而长大的房子?你梦想活得更长久吗?甚至于,你梦想过永生吗?

几千年来,人类在地球上是一个相对微不足道的物种。但是人类种族的童年时代已经结束了。我们用我们的创造力使自己从热带稀树草原的泥泞中逃了出来。我们已经成为改变地球面貌的进化催化剂。这个过程并不完整。人类是我们从中产生的生物圈和我们建立的科技圈之间的桥梁。我们的行为不仅影响了我们自己的未来,也影响了整个地球和所有生活在这里的其他物种。我们的责任很艰巨。如果我们认为自己承担不起责任,我们应该待在自己的洞穴里。但我们没有。这不是我们的风格。从我们成为人类的那一天起,我们就已经是科技性的了。回归自然的愿望是可以理解的,但也是不可能的。这样去做就是否定我们的人性。

正如500多年前乔瓦尼·皮科·德拉·米兰多拉所说的那样,我们不是由一个单一的固定特征来定义的物种,人类的独特之处就在于此。真正先进的科技成为人类本性的一部分。衣服、烹饪和农业等是我们生活中不可缺少的部分。虽然新科技不会马上达到这个水平,而且其出现伊始会让人感到不适,带来虚假感,但有些科技最终会变得自然。人类将共同决定接受哪些科技。有一件事是肯定的:如果我们不考虑科技的未来,我们无法想象人类的未来。我们的科技不仅改变了我们的环境,最终也改变了我们。我们不是进化的最终终点。我们必须前进，即使对地球来说，我们初来乍到，十分年轻。作为一个物种，我们仍然处于青春期，但是是时候长大了。

当前进化的模因生物代表了我们集体行动的总和。我们与它们有联系，我们可以影响它们。模因生物将封装我们，但它们也可以帮助我们进行自我提升。它们可以帮助我们超越自石器时代以来就植根于我们基因中的原始部落倾向。它们可以为我们提供新的见解、机会和经验，从而拓展我们的人性。它们可以帮助我们形成一个全球性的观点，让每个人的生活和每件事都变得更好。

科技是人类的自画像，它是物质世界中人类智慧的物化，让它成为我们引以为豪的艺术作品，让我们利用科技来建立一个更加自然的世界，并绘制出一条通往未来的道路，这不仅对我们有利，对所有其他物种也有利，甚至于对地球和整个宇宙都有利。

许多事情都危在旦夕。我们今天做出的选择不仅将影响自己孩子的生活，而且也将影响其他孩子的生活乃至全人类的未来。所以我想请求你们，我的读者们，去做一些事情。我想邀请地球上和其他地方的每个人——生活着的和尚未出生的——就每个进入你生活的科技变化问一个简单的问题：这是否延伸了我的人性？

答案通常不会是非黑即白的纯粹肯定或否定。更常见的情况是，60％肯定，40％否定，反之亦然。有时候你会和其他人意见不一致，在达成共识之前你必须辩论这个问题。但这是一件好事。如果我们所有人都坚持选择科技来扩展我们的人性，我知道人类会没事的。人类最终会怎样呢？这还有待观察。没有人知道人类在 100 万年后会变成什么样子，甚至不知道那时候是否会有人类,如果有,我们是否会承认他们是人类。我们会接受植入物吗？我们会重新编辑自己的 DNA 吗？我们会将大脑扩大到原来的两倍吗？我们会长出翅膀吗？我不知道,也无法推测。但是我希望在 100 万年后人们仍然有人性光辉。因为只要我们有人性,我们就是人类。这是我们能得到的最接近天使的地位了。

下一代自然的十个论题

1.自然在和我们一起改变

尽管人们很容易认为,在人类动手改变它之前,自然曾经如天堂一般完美,但是我们必须认识到自然一直在变化。进化还在继续。这不仅是一种理念,也是一种现实:自然是动态发展的。

2.人类并不是自然的对立面,我们是自然的一部分

人类不是只会破坏和摧毁自然的反自然物种。我们来自大自然。当鸟儿筑巢时,我们称之为自然,但人类建造高速公路网络,本质和鸟类筑巢没有区别,只不过我们的影响比鸟类的大得多。

3.我们不应该迷恋原生自然

地球上几乎没有人类从未踏足的地方,人类的存在带来了无限的可能。对原生自然的浪漫渴望不会帮助我们解决诸如气候变化、森林砍伐和生物多样性减少等紧迫问题。

4.我们和科技协同进化

正如蜜蜂和花朵进化为相互依存一样——当蜜蜂采集花蜜时,它们

通过传播花粉来帮助花朵繁殖——人类也依赖于科技,反之亦然。我们生来就是科技物种。人类诞生之初就开始使用科技。这是完全符合天性和人性的。但今天,我们的科技变得复杂且无处不在,它正在发展自己的自然动态,我们需要更好地理解这一点。

5. 我们是影响进化的因素

在我们生活的时代,人类的存在对地球的地质产生了明显的影响。我们的存在正在改变这个星球。我们各项活动的总和在更古老的生物圈之上形成了一个科技圈。虽然这绝不是一个刻意的设计或计划,但这是人类行为带来的后果。我们将如何在其中定位自己?

6. 人类不是优势种

尽管把我们自己看作是地球上的优势种让人感觉良好,但是许多其他物种仍然扮演着重要的角色。细菌、昆虫和藻类群体等根据自己的动态和计划行事,而不考虑人类的观点,和我们共同进化的科技系统也是如此。

7. 进化仍在继续

进化复杂性的崭新层次正在萌生,基于信息交换的模因生物正在其中发展。像其他物种一样,模因生物也想要繁殖和生存。这似乎是进化的必然性,以基因为基础的生物,包括人类,将被封装在这些新物种中。

8. 我们需要走向新自然,而不是回归旧自然

人类应该为自己设定一个目标:发展以人类需求和潜能为出发点的科技——这种科技将给予我们力量,拓展我们的感觉和可能性,并与我们的直觉以及我们对自身进步的梦想相结合。这样的科技会让人感觉完全自然。真正先进的科技与自然没有区别。

9. 人性存在，人类就存在

虽然我们很容易认为自己是进化的最终目标，但我们必须认识到，我们是进化过程中的突变体，进化过程将继续展开。人类的进化是一个持续不断的过程。我们可以用科技来拓展我们的人性。

10. 自然喜欢隐身

我们永远不可能完全了解或领悟自然。在它面前，我们应该表现出适当的谦虚。我们只是宇宙剧场中一个小蓝点上的一个小物种。大自然比我们更加庞大。它总是会给我们带来惊喜、震撼和挑战。自然之美永远不会结束，这是一件美好的事情。

致谢

感谢出现在我生命中的人,没有他们,就没有这本书。首先,我要感谢我的妻子米克·格里岑(Mieke Gerritzen),她不仅鼓励我通过视听展示、多模式出版物和互动展览来表达我的想法,还鼓励我书写下我自己的想法。我把下一代自然理论看作是一颗钻石,它有许多面,每一面都是闪闪发光的新观点,我从中不断地发掘着新观点,并且想把它们分享出来。写作驱使我以一种不同类型的思维方式考虑问题,这种思维方式不同于我在以前的作品中使用的视觉联想风格。写这本书帮助我仔细阐述和解释了一些中心思想。我觉得自己就像摇滚乐队的乐手关掉了电吉他,演奏了一场原声音乐秀,深入了解了自己作品的精髓。

感谢给我带来灵感的人们:凯文·凯利、约斯·德穆尔(Jos de Mul)、理查德·道金斯、杰拉德·雅格斯·欧普、阿克胡伊斯、尤瓦尔·赫拉利和路易丝·弗雷斯科(Lousie Fresco),以及已故的莱昂纳多·达芬奇(Leonardo da Vinci)、赫拉克利特、查尔斯·达尔文、让·鲍德里亚

(Jean Baudrillard)、马歇尔·麦克卢汉、德日进和弗拉基米尔·韦尔纳茨基,感谢你们的工作和思想。能够站在你们强健的肩膀上继续探索是一种快乐,作为一个物种我们已经走了这么远,实在令人惊讶。

感谢下一代自然网络(Next Nature Network)的核心团队和所有参与线上工作的成员。感谢大家勇敢地加入我们这一趟"下一代自然之旅"。我们的旅程还远没有结束。

感谢马文出版社(Maven Publishing)的桑德尔·吕斯(Sander Ruys),感谢他在本书制作的每个阶段都满怀热情并给予积极的、富有建设性的反馈。我们的合作过程和结果都非常愉快,同时保证了本书的质量。还要感谢埃玛·蓬特(Emma Punt)在完成这本书的过程中提供的愉快和建设性的支持。感谢劳拉·马茨(Laura Martz)对荷兰语原文出色而准确的翻译。还要感谢亨德里克·扬·格里温克(Hendrik-Ian Grienink)在科技金字塔方面的帮助,以及阿莉森·盖伊(Allison Guy)帮助我探索人类世大爆发方面的内容。

我还要感谢这本书的内测读者们,你们对早期版本提供了批评性的评论。你们帮助我完善了文章结构、增加了连贯性和可读性,使我避免了许多陷阱和愚蠢的错误。我尤其要感谢我的兄弟马丁·范曼斯佛特(Martijn van Mensvoort)。作为我的哥哥,你对我说的话一直都很重要。在别人表现得彬彬有礼的时候,你提供了原始又质朴的评论,它们滋养着我,帮助我成长。虽然我可能不总是听取你的建议,但我总会用心去听。

我很感激埃因霍温理工大学,它给了我作为一名大学研究员进行这项研究的空间,感谢 NL 创意产业基金和吉罗银行彩票基金会(Bank-Giro Loterij Fonds)慷慨的支持。

感谢大海带来了地球上所有的生命,给予我平静的心情,让我能够深入思考。这本书里的每个原创的想法都是在我游泳的时候浮现在我的脑海里的。

最后,我要感谢我的父母,阿德和威尔,是他们让我明白了做一个好人意味着什么。

注释

树木闻起来像洗发水的味道

1. R. Bowden et al. , "Genomic Tools for Evolution and Conservation in the Chimpanzee: *Pan troglodytes ellioti* is a Genetically Distinct Population," *PLoS Genetics* 8, no. 3 (2012), e1002504, DOI: 10. 1371/ journal. pgen. 1002504.

2. S. H. Ambrose, "Late Pleistocene human population bottlenecks, volcanic winter, and differentiation of modern humans," *Journal of Human Evolution* 34, no. 6 (1998): 623-651, DOI: 10. 1006/jhev. 1998. 0219, PMID 9650103.

3. J. Hawks et al. , "Population Bottlenecks and Pleistocene Human Evolution," *Molecular Biology and Evolution* 17, no. 1 (2000): 2-22, DOI: 10. 1093/oxfordjournals. molbev. a026233, PMID: 10666702; C. S. Lane et al. , "Ash from the Toba supereruption in Lake Malawi shows no

volcanic winter in East Africa at 75 ka," *Proceedings of the National Academy of Sciences*, April 2013, 201301474, DOI：10. 1073/pnas. 1301474110.

4. R. Dawkins, *The Ancestor's Tale：A Pilgrimage to the Dawn of Life* (Boston：Houghton Mifflin, 2004), 416.

5. A. Zhuravlev and R. Riding, *The Ecology of the Cambrian Radiation* (New York：Columbia University Press, 2000).

6. S. A. F. Darroch et al. , "Biotic replacement and mass extinction of the Ediacarabiota," *Proceedings of the Royal Society B*, September 2015, DOI：10. 1098/rspb. 2015. 1003.

7. A. Fleming, "On the Antibacterial Action of Cultures of a Penicillium, with Special Reference to Their Use in the Isolation of B. influenza," *British Journal of Experimental Pathology* 10 (1929), 226-236.

8. K. van Mensvoort, "Exploring Next Nature：Nature Changes Along With Us," in *Entry Paradise：New Design Worlds*, ed. G. Seltman and W. Lippert (Basel and Boston：Birkhauser, 2006)；M. Gerritzen et al. , *Next Nature* (Amsterdam：BIS Publishers, 2005), ISBN-13：978-9063690939.

9. L. Gabora and A. Russon, "The Evolution of Human Intelligence," in *The Cambridge Handbook of Intelligence*, ed. R. Sternberg and S. Kaufman (Cambridge：Cambridge University Press, 2011), 328-350.

10. K. van Mensvoort and M. van Duyvenbode, *Het bos ruikt naar*

shampoo（documentary film，VPRO，April 2001）。

11. P. Jansen et al. , "Wistful wilderness：Communication about 'new' nature in the Netherlands," *Journal of Environmental Policy & Planning* 19，no. 2（2017），197-213，DOI：10. 1080 /1523908X. 2016. 1198254；T. Metz, *Nieuwe natuur. Reportages over veranderend landschap*（Amsterdam：Ambo，1998）；F. Vera，"Het Oostvaardersplassengebied：uniek oecologisch experiment,"*Natuur en Milieu* 79（1979），3-12。

12. F. Vera，"Het primitieve natuurbeeld," in *Rustig，ruig en rationeel. Filosofische debatten over de verhouding cultuur-natuur*，ed. J. Keulartz（Baarn：Kasteel Groeneveld，2000），42-61。

13. M. Huygen，"Dit is vivisectie met grote grazers," *NRC*，April 15，2018，https：//www. nrc. nl /nieuws /2018 /04 /15 /dit-is-vivisectie-met-grote-grazers-a1599532。

14. P. Hoste Smit，"Boswachters overgeplaatst om nieuw beleid Oostvaardersplassen：ze willen geen gezonde dieren afschieten," *De Volkskrant*，December 7，2018。

15. M. Wark，"N is for Nature," in *Next Nature*，ed. K. van Mensvoort et al.（Amsterdam：BIS Publishers，2005）。

16. T. Metz，*Pret！ Leisure en landschap*（Rotterdam：NAi，2002）。

天堂之外

17. D. Koeppel，*Banana：The Fate of the Fruit That Changed the World*（New York：Plume，2007）。

18. J. G. Kublin et al. , "Complete attenuation of genetically engineered *Plasmodium falciparum* sporozoites in human subjects," *Science Translational Medicine* 9 (2017), DOI: 10. 1126 /scitranslmed. aad9099; D. Yamamoto et al. , "Flying vaccinator; a transgenic mosquito delivers a Leishmania vaccine via blood feeding," *Insect Molecular Biology* 19, no. 3(2010), DOI: 10. 1111 /j. 1365-2583. 2010. 01000. x.

19. A. Gehlen, *Der Mensch. Seine Stellung in der Welt* (Frankfurt: Klostermann, 1966); A. Gehlen, *Man: His Nature and Place in the World* (New York: Columbia University Press, 1988).

20. R. Deech and A. Smajdor, *From IVF to Immortality: Controversy in the Era of Reproductive Technology* (Oxford: Oxford University Press, 2007); R. Gosden, *Designer Babies: The Brave New World of Reproductive Technology* (New York: Freeman, 2000); R. M. Green, *Babies by Design: The Ethics of Genetic Choice* (New Haven: Yale University Press, 2007); P. Knoepfler, *GMO Sapiens: The Life-Changing Science of Designer Babies* (Singapore: World Scientific Publishing, 2015).

21. G. Kolata and P. Belluck, "Why Are Scientists So Upset About the First Crispr Babies?" *The New York Times*, December 5, 2018.

22. C. Shepherd et al. , "Chinese scientist who gene-edited babies fired by university," Reuters, January 21, 2019, accessed on February 2, 2019.

23. E. Regis, "Meet the Extropians,"*Wired*, October 1, 1994, 103-108, 149, http: //www. wired. com /wired /archive /2. 10 /extropians. html,

accessed on March 1,2019.

24. R. Dworkin, *Sovereign Virtue : The Theory and Practice of Equality* (Cambridge,MA : Harvard University Press,2000).

自然不完全等同于绿色产物

25. K. Kelly,*Out of Control : The New Biology of Machines ,Social Systems, and the Economic World* (Reading, MA : Addison-Wesley, 1994).

26. O. Wilde, *The Decay of Lying and Other Essays* (London : Penguin,2010).

27. T. Demos,"'Real' investors eclipsed by fast trading,"*Financial Times*, April 24, 2012, https: //www. ft. com/content/da5d033c-8e1c-11e1-bf8f-00144feab49a,accessed on August 15,2018.

28. F. Bacon, *Meditationes sacrae* (Londini : Excusum impensis Humfredi Hooper,1597).

29. Marquis de Condorcet,*On the future progress of the human mind* , 1794. In French : M. J. A. N. de Caritat,Marquis de Condorcet, *Esquisse d'un tableau historique des progrès de l'esprit humain* (Paris : Masson et fils,1822) 279-285,293-294,303-305.

30. J. C. Farman et al. ,"Large Losses of Total Ozone in Antarctica Reveal Seasonal CIOx/NOx Interaction,"*Nature* 315 (1985),207-210.

31. B123 DK,http: //www. heraclitusfragments. com/B123/; D. W. Graham,"Does Nature Love to Hide? Heraclitus B123 DK," *Classical*

Philology 98, no. 2 (April 2003): 175-179; P. Hadot, *The Veil of Isis:
An Essay on the History of the Idea of Nature* (Cambridge, MA and
London: Belknap Press of Harvard University Press, 2008).

欢迎来到科技圈

32. K. Kelly, *What Technology Wants* (London: Penguin, 2011).

33. P. T. de Chardin, "Hominization" (1922), reprinted in *The Vision of
the Past* (London: Collins, 1966); V. Vernasky, *The Biosphere*, trans. D.
Langmuir (New York: Springer, 1998), originally published in Russian
in 1926.

34. P. Sloterdijk, *Sphären* (Frankfurt: Suhrkamp Verlag, 2004).

35. P. Haff, "Technology as a geological phenomenon: implications
for human wellbeing," in *A Stratigraphical Basis for the Anthropocene*,
Geological Society Special Publication 395 (London: Geological Society,
2013), 301-309.

36. Flightradar 24. com (2018); this website displays flight traffic in
real time 24 hours a day.

37. J. Zalasiewicz et al. , "The technofossil record of humans," *The
Anthropocene Review* 1 (2014), 34-43.

38. J. Zerzan, *Future Primitive and Other Essays* (New York:
Autonomedia, 1994); Y. N. Harari, *Sapiens: A Brief History of Humankind*
(New York: HarperCollins, 2015).

39. E. Callaway, "Oldest Homo sapiens fossil claim rewrites our

species' history," *Nature*, June 8, 2017; R. Lewin, *Human Evolution: An Illustrated Introduction*, 5th ed. (London: Blackwell, 2005).

40. W. A. Haviland et al., *Evolution and Prehistory: The Human Challenge*, 8th ed. (Belmont, CA: Thomson Wadsworth, 2007), 162.

科技金字塔

41. K. Kelly, *What Technology Wants* (London: Penguin, 2011).

42. A. H. Maslow, "A Theory of Human Motivation," *Psychological Review* 50, no. 4 (1943), 370-396.

43. K. van Mensvoort, *Pyramid of Technology: How Technology Becomes Nature in Seven Steps* (Eindhoven: Technische Universiteit Eindhoven, 2014); K. van Mensvoort and H. J. Grievink, *Next Nature: Nature Changes Along With Us* (Barcelona: Actar, 2011).

44. A. C. Clarke, "Extra-Terrestrial Relays: Can Rocket Stations Give Worldwide Radio Coverage?" *Wireless World*, October 1945, 305-308.

45. M. Post, "Meet the New Meat," talk at Next Nature Power Show, November 5, 2011, Stadsschouwburg, Amsterdam, http://www.youtube.com/watch?v=V2oB38a6RTg.

46. D. W. J. van der Schaft et al., "Mechanoregulation of Vascularization in Aligned Tissue-Engineered Muscle: A Role for Vascular Endothelial Growth Factor," *Tissue engineering part A* 17, nos. 21-22 (November 2011): 2857-2865, DOI: 10. 1089/ten. tea.

2011. 0214.

47. C. Paine, dir. , *Who Killed the Electric Car?* Plinyminor / Electric Entertainment / Papercut Films, 2006.

48. D. A. Kirsch, *The Electric Vehicle and the Burden of History* (New Brunswick, NJ: Rutgers University Press, 2000), 153-162.

49. M. Frondel and S. Lohmann, "The European Commission's light bulb decree: Another costly regulation?" *Energy Policy* 39, no. 6 (2011), 3177-3181.

50. M. Weiser, "The Computer of the 21st Century," *Scientific American*, September 1991, 94-100.

51. L. C. Aiello and P. Wheeler, "The expensive-tissue hypothesis: The brain and the digestive system in human and primate evolution," *Current Anthropology* 36, no. 2 (April 1995), 199-221; http://www.jstor. org /stable /2744104.

52. R. Wrangham, *Catching Fire: How Cooking Made Us Human* (New York: Basic Books, 2010).

53. A. Gehlen (1988), *Man: His Nature and Place in the World* (New York: Columbia University Press (originally published as *Der Mensch. Seine Stellung in der Welt* (Frankfurt, 1966); J. de Mul, *Kunstmatig van nature. Onderweg naar Homo sapiens* 3. 0 (Rotterdam: Lemniscaat, 2014); H. Plessner, *Die Stufen des Organischen und der Mensch: Einleitung in die philosophische Anthropologie* (Berlin: Walter de Gruyter, 1975) (orig. ed. 1928).

54. H. Mihaly, "From NASA to EU: The Evolution of the TRL Scale in Public Sector Innovation," *The Innovation Journal*, 22 (2017), 1-23.

55. K. Kelly, *What Technology Wants* (New York: Viking, 2010).

56. J. Zerzan (1994), *Future Primitive and Other Essays* (New York: Autonomedia, 1994); A. C. Clarke, *Profiles of the Future: An Inquiry into the Limits of the Possible* (London: Popular Library, 1973); ISBN 9780330236195.

优势种

57. J. Myers, "How do the world's biggest companies compare to the biggest economies?" (2016), https: //www. weforum. org /agenda / 2016 /10 /corporations-not-countries-dominate-the-list-of-the-world-s-biggest-economic-entities, accessed on June 1, 2017; *CIA World Factbook* (2016), https: //www. cia. gov /library /publications /download /download-2016, accessed on March 2, 2019; *World Fact book* (2016), https: //www. cia. gov /library /publications /the-world-factbook /geos /xx. html, accessed on May 1, 2017; Statistica (2016), https: //www. statista. com /statistics / 555334 /total-revenue-of-walmart-worldwide /, accessed on August 8, 2018.

58. R. Foster, "Creative Destruction Whips Through Corporate America," Innosight Executive Briefing Winter 2012; S. Anthony et al., "2018 Corporate Longevity Forecast: Creative Destruction Is Accelerating," Innosight (2018).

59. M. Achbar et al. , *The Corporation : A Documentary* (Vancouver : Big Picture Media Corporation and Filmwest Associates, 2003), https: //www. imdb. com /title /tt0379225.

60. J. Bakan, *The Corporation : The Pathological Pursuit of Profit and Power*, 2005 ed. (New York : Free Press, 2003).

61. N. Rich and G. Steinmetz, "Losing Earth : The Decade We Almost Stopped Climate Change," *The New York Times*, August 1, 2018.

62. C. Darwin, *On the Origin of Species by Means of Natural Selection, or the Preservation of Favoured Races in the Struggle for Life* (London : John Murray, 1859).

63. R. Dawkins, *The Selfish Gene* (Oxford : Oxford University Press, 1976).

64. Ibid.

塑料星球

65. M. Eriksen et al. , "Plastic pollution in the world's oceans : More than 5 trillion plastic pieces weighing over 250,000 tons afloat at sea," PLOS ONE 9, no 12(2014), e111913.

66. Ibid.

67. L. Jeftic et al. , *Marine Litter : A Global Challenge* (New York : UNEP, 2009).

68. C. Wilcox et al. , "Threat of plastic pollution to seabirds is global, pervasive, and increasing," *Proceedings of the National Academy of Sciences*

112,no. 38 (2015),11899-11904.

人类世大爆发

69. C. Levis et al. , "Persistent effects of pre-Columbian plant domestication on Amazonian forest composition,"*Science*, March 2017.

70. D. S. Webb, "The Great American Biotic Interchange: Patterns and Processes,"*Annals of the Missouri Botanical Garden* 93 (2006), 245-257.

71. A. D. Barnosky et al. ,"Has the Earth's Sixth Mass Extinction Already Arrived?" *Nature* 471 (2011),515-517.

72. Z. -Q. Chen and M. J. Benton,"The timing and pattern of biotic recovery following the end-Permian mass extinction,"*Nature Geoscience* 5 (2012),375-383.

73. S. C. Morris and J. -B. Caron,"*Pikaia gracilens* Walcott,a stem-group chordate from the Middle Cambrian of British Colombia," *Biological Reviews* 87 (2012),480-512.

74. A. Guy and K. van Mensvoort,"The Anthropocene Explosion," in *Welcome to the Anthropocene: The Earth in Our Hands*, ed. N. Möllers et al. (Munich:Deutsches Museum,2015).

75. M. B. Brown, "Natural selection and age-related variation in morphology of a colonial bird," ETD collection for University of Nebraska, Lincoln, Paper AAI3449889, 2011, http://digitalcommons. unl. edu/dissertations/AAI3449889; E. C. Snell-Rood and N. Wick,

"Anthropogenic environments exert variable selection on cranial capacity in mammals,"*Proceedings of the Royal Society B：Biological Sciences* 280，no. 1769（2013）；DOI：10. 1098 /rspb. 2013. 1384；E. Nemeth et al. ，"Bird song and anthropogenic noise：vocal constraints may explain why birds sing higher-frequency songs in cities,"*Proceedings of the Royal Society B：Biological Sciences* 280，no. 1754（2013），DOI：10. 1098 / rspb. 2012. 2798.

76. Z. A. Doubleday，et al. ，"Global proliferation of cephalopods,"*Current Biology* 26，no. 10（2016），R406-R407.

77. Micronutrient Initiative，*Investing in the Future：A United Call to Action on Vitamin and Mineral Deficiencies：Global Report* 2009（Ottawa·The Micronutrient Initiative，2009）.

78. P. Agre，et al. ，"Laureates Letter Supporting Precision Agriculture（GMOs）"（2016），http：//supportprecisionagriculture. org /nobel-laureate-gmo-letter_rjr. html，accessed on December 30，2017.

79. S. Brand，*Whole Earth Discipline：Why Dense Cities，Nuclear Power，Transgenic Crops，Restored Wildlands，and Geoengineering Are Necessary*（New York：Penguin，2010）.

80. T. Demos，"'Real' investors eclipsed by fast trading,"*Financial Times*，April 24，2012，https：//www. ft. com /content /da5d033c-8e1c-11e1-bf8f-00144feab49a，accessed on August 15，2018；D. Harwell，"A down day on the markets？Analysts say blame the machines,"*The Washington Post*，February 6，2018；O. Kaya，"High-frequency trading：

Reaching the limits. " *Deutsche Bank Research* 24 (2016).

进化之进化

81. C. Darwin, *On the origin of species by means of natural selection ,or the preservation of favoured races in the struggle for life* (London:John Murray,1859).

82. J. D. Watson and F. H. Crick, "Molecular Structure Of Nucleic Acids,"*Nature* 171 (4356) (1953),737-738.

83. R. Dawkins, *The Selfish Gene* (Oxford: Oxford University Press, 1976).

84. J. Maynard Smith and E. Szathmáry, *The Major Transitions in Evolution* (Oxford:Oxford University Press,1995).

85. H. Gest, "The discovery of microorganisms by Robert Hooke and Antoni van Leeuwenhoek,fellows of the Royal Society," *Notes and Records of the Royal Society* 58: 2 (2004), 187-201; R. Hooke, "Micrographia;or some physiological sescriptions of minute bodies made by magnifying glasses, with observations and inquiries thereupon," *Thirty-eight plates* ,folio (London:J. Martyn and J. Allestry,1665).

86. T. Schwann, *Mikroskopische Untersuchungen über die Uebereins-timmung in der Struktur und dem Wachsthum der Thiere und Pflanzen* (Berlin:Sander,1839).

87. G. A. J. M. Jagers op Akkerhuis, "The operator hierarchy, a chain of closures linking matter life and artificial intelligence,"Ph. D.

thesis, Radboud University (2010).

88. D. E. Koshland, Jr. , "The Seven Pillars of Life," *Science* 295: 5563 (2002): 2215-2216, DOI: 10. 1126 /science. 1068489, PMID 11910092.

89. S. Blackmore, *The Meme Machine* (Oxford: Oxford University Press, 1999).

90. J. Gill, "Memes and narrative analysis: A potential direction for the development of neo-Darwinian orientated research in organisations," *Euram* 11: *Proceedings of the European Academy of Management* (European Academy of Management, 2011).

91. A. McNamara, "Gan we measure memes?" *Frontiers in Evolutionary Neuroscience* 3(2011), DOI: 10. 3389 /fnevo. 2011. 00001.

92. N. Bostrom, *Superintelligence. Paths, Dangers, Strategies* (Oxford: Oxford University Press, 2014); R. Cellan-Jones, "Stephen Hawking warns artificial intelligence could end mankind," BBC News (2014), https: //www. bbc. co. uk /news /technology-30290540.

封装人类

93. Y. N. Harari, *Homo Deus: A Brief History of Tomorrow* (New York: Vintage, 2016).

94. G. Nobis, "Der älteste Haushund lebte voor 14. 000 Jahren," *Umschau* 79 (1979), 610.

95. L. A. F. Frantz, et al. , "Genomic and archaeological evidence suggests a dual origin of domestic dogs. " *Science* online, June 2, 2016.

96. S. Coren, *Do Dogs Dream? Nearly Everything Your Dog Wants You to Know* (New York: W. W. Norton & Co. ,2012).

97. M. Vella, "Universal basic income: A utopian idea whose time may finally have arrived," *Time*, April 2017, http://time. com/4737956/universal-basic-income.

98. B. Holmes "How many uncontacted tribes are left in the world?" *New Scientist*, August 22, 2013, https://www. newscientist. com/article/dn24090-how-many-uncontacted-tribes-are-left-in-the-world.

99. United Nations, *State of the World's Indigenous Peoples*, Department of Economic and Social Affairs (2009).

蜂巢之战

100. D. Rushkoff, *Team Human* (New York: W. W. Norton & Co. , 2019).

101. R. I. M. Dunbar, "Neocortex size as a constraint on group size in primates," *Journal of Human Evolution* 22:6 (1992):469-493.

102. N. Nilekani and V. Shah, *Rebooting India: Realizing a Billion Aspirations* (New York: Penguin, 2016); J. Srinivasan and A. Johri, "Creating machine readable men: legitimizing the 'Aadhaar' mega e-infrastructure project in India," *Proceedings of the Sixth International Conference on Information and Communication Technologies and Development: Full Papers*, vol. 1 (ACM, 2013).

103. R. Botsman, "Big data meets Big Brother as China moves to rate its

citizens,"2017,http：//www. wired. co. uk/article/chinese-government-social-credit-score-privacy-invasion,accessed on December 12,2017.

104. C. Duhigg,"How Companies Learn Your Secrets," *The New York Times*, February 16,2012.

105. Y. N. Harari, *Homo Deus：A Brief History of Tomorrow* (New York：Vintage,2016).

你好,超级生命体

106. B. Spinoza,*Ethics* (1677) (New York：Penguin Classics,2005).

107. M. Charette and W. H. F. Smith,"The volume of Earth's ocean," *Oceanography* 23：2 (2010),112-114,DOI：10. 5670/oceanog. 2010. 51.

108. C. S. Von Bartheld,et al ,"The search for true numbers of neurons and glial cells in the human brain：A review of 150 years of cell counting,"*Journal of Comparative Neurology* 524 (2016),3865-3895, 10. 1002/cne. 24040.

109. C. Bowles,"How many electrons are in the human brain?" (2011), https：//www. quora. com/How-many-electrons-are-in-the-human-brain,accessed on August 5,2018.

110. E. A. Ottesen, et al. ,"Pattern and synchrony of gene expression among sympatric marine microbial populations,"*Proceedings of the National Academy of Sciences of the United States of America* (2011),E488-E497,DOI：10. 1073/pnas. 1222099110.

111. M. Honigsbaum,"Human Brain Project：Henry Markram plans

to spend €1bn building a perfect model of the human brain," *The Guardian*, October 2013, https://www. theguardian. com/science/2013/oct/15/human-brain-project-henry-markram.

112. S. Theil, "Why the Human Brain Project went wrong-and how to fix it," *Scientific American*, October 2015, https://www. scientificamerican. com/article/why-the-human-brain-project-went-wrong-and-how-to-fix-it.

S. Reardon, "Worldwide brain-mapping project sparks excitement-and concern. " *Nature* 537, 597, September 29, 2016, DOI: 10. 1038/nature. 2016. 20658.

113. C. D. Martin, "The myth of the awesome thinking machine," *Communications of the ACM* 36, no. 4, April 1993, 120-133.

114. N. Bostrom, *Superintelligence: Paths, Dangers, Strategies* (Oxford: Oxford University Press, 2014).

115. A. Stevenson, "CES: Intel says microprocessors will become emotionally smarter than humans," *The Inquirer*, January 7, 2014.

116. D. C. Dennett, *Consciousness Explained* (New York: Back Bay Books, 1991).

117. J. R. Searle, "The Mystery of Consciousness," *The New York Review of Books*, November 2, 1995.

118. "Interview: Bruce Sterling on the Convergence of Humans and Machines," 2015, https://www. nextnature. net/2015/02/interview-bruce-sterling, accessed on August 8, 2018.

119. C. Stross, *Halting State* (New York: Ace, 2007).

120. Y. N. Harari, *Homo Deus: A Brief History of Tomorrow* (New York: Vintage, 2016).

121. K. Kelly, *The Inevitable: Understanding the 12 Technological Forces That Will Shape Our Future* (New York: Viking, 2016).

122. S. Aupers, *In de ban van moderniteit: de sacralisering van het zelf en computertechnologie* (Amsterdam: Aksant, 2004); R. van Tienhoven, "Techno Animism," presentation at the Next Nature Powershow 2011, https://www. youtube. com/watch? v= YPVPPuN90w0.

123. Interview with M. McLuhan, *Playboy*, March 1969.

124. M. Heidegger, *Sein und Zeit* (Tübingen: Max Niemeyer Verlag, 1927).

125. N. Bostrom, *Superintelligence: Paths, Dangers, Strategies* (Oxford: Oxford University Press, 2014).